安全で快適な都市と国に向けての提案と

収震設計指針

構造品質保証研究所

はじめに

本書には、厳しさを加える地球環境の中でも、ひと際、厳しい日本に生まれてくる人達が、安全で快適な生活を送ることができるようにとの願いが込められています。これは、簡単なことではなく、わが国の自然、経験と技術を生かし、都市で生活されている方々から、各分野の専門家に至るまで、多くの人々が力を合わせ、コンピュータに代表される機械と人間、そして、機械と機械が協力する体制を築いてこそ、実現可能になると考えています。本書は、その方法に関する提案です。

前半は、地震、津波、豪雨、暴風等の自然災害と人為的攻撃から、都市と国民を守る統合防災への転換と、この一環としての新たな地震対策の立案と実施、そして、敵国の都市を破壊し、敵国民を傷つけ、殺すのではなく、人々の命を救い、構造物を復旧することを専門とする組織を作り、新しい技術と装備を研究し、開発することへの提案です。

後半は、新たな地震対策の具体案としての収震設計の指針です。地震以外の条件を満足するように設計、あるいは設計・施工した上で、地震に対する性能と危険性を評価し、改善するという方法です。構造物の計画から設計、工事、維持管理、被災時の対応を一貫して統合的に行う指針です。収震性と名付けた弾性と慣性、そして重力による物の基本的な性質に注目し、多様な指標で性能を評価し、基礎の工夫と、高弾性材料による補強で向上させる方法です。既往の指標値、被害・無被害実績、及び付帯する情報をデータベースとし、これから導き出される認識と補強案を、各種の判断の材料、及び根拠とする方法です。

収震設計は、物の基本的な性質を用いる方法ですので、伝統木造から超高層までの建築物、各種のインフラ施設に対してお使いいただけます。現状では、現行基準で設計、あるいは施工された後に性能評価と補強を行うことになります。現行基準に代えてよいとする制度になれば、新築及び耐震補強工事における鉄、コンクリートの使用量を削減し、解体を減らし、省資源、省コスト、省力化、CO_2削減等が実現できます。既存の性能と危険性を評価し改善するという方法ですので、構造物の一部分に用いることも、段階的に用いることも可能です。

本書には、SRF 研究会の設計者、施工者の方々による 5000 棟を超える調査、診断、設計、施工の経験、そして、東日本大震災、熊本地震等の実績が生かされています。また、大学、研究機関と共同で実施した多数の模型実験、試験、大型震動台実験、数値解析、計測、計算における先生方のご指導、さらに、新しい地震対策に関するセミナーにご参加、ご視聴いただいた多くの方々のご意見、ご質問の賜物です。皆様の貴重なご理解、ご指導、ご協力、ご支援に深く感謝するとともに、人を傷ける危険性が小さく、人を守り、助け、人々が快適に暮らすことができる構造物、都市、国、そして世界が実現することを願っております。

2024 年 9 月

著者

目次

第一部　提案

第二部　収震設計指針

第一部　提案

第1　統合防災への転換

今世紀に入り、我々が生活する地球表面の活動は活発化するフェーズに入っている。地震、津波、台風、豪雨は、前世紀の統計を大きく上回るレベルとなり、大災害を繰り返している。ミサイル等による人為的な攻撃を受ける可能性も否定できない。

津波、洪水に対しては、堤防等の構造物を建設、強化して防ぐという対策では、桁違いの高さの津波や雨量には抗しきれないことが明確になり、既に、避難、土地利用方法を含めた総合的な対策への転換がなされた。豪雨、津波等と全く同様に、地震動も、新耐震基準が制定された1980年当時までの記録に比して、桁違いのレベルが相次いで観測されている。ところが、地震対策に関しては、依然として構造物を強化することを中心とする対策が推進され、これまでにない高さの建物が続々と建設され、都心部の密度は年々高まっている。

これには、耐震基準の想定、安全性評価手法とその効果に関する次のような説明、あるいは解釈が深く関わっている。

(1) 新耐震基準は震度6強から震度7の地震動を想定している

(2) 新耐震基準は自然の法則に即した汎用的な基準であり、新耐震基準で建設された建物は、高さや構造形式に関わらず安全である

(3) 人命に危害を及ぼすのはほとんどが旧耐震基準の建物であり、地震対策は旧基準の耐震診断と補強だけで十分である

地震も、地球表面の活動から生まれる自然現象であり、20世紀の知見に基づく想定の約10倍に達するレベルとなっている。地震対策は、新耐震基準に従って旧基準構造物を強化すれば十分であるとする解釈、説明を見直し、地震、津波、豪雨、暴風、空襲等から、都市と国民を守る統合防災へと転換することを提案する。

【解説】人類を始め、多様な生命が生活している地球表面は、地球規模のスケールでは、ごく薄い層に過ぎない。しかし、ヒューマンスケールで見れば、大気、海洋、表層地盤及び地殻に分けられる。大気は対流する厚さ10km程度のほぼ気体の層であり、様々な気象現象を生ずる。海洋は深さ10km程度の海水の層であり、潮汐、海流、津波を生ずる。表層地盤は、土砂・岩石、地下水等から成る層であり、その下にある地殻は、厚さ数kmから数十kmの岩石層である。地殻と表層地盤は、地震、地滑り、火山噴火などを生ずる。大気の外側には、成層圏があり、中間層を経て、熱圏、磁気圏・プラズマ層になる。熱圏の温度は数百℃、プラズマ層は数百万℃～1千万℃に達する。地殻の内側には、マントルと呼ばれる岩石があり、高温の為に延性があり対流していると考えられている。地球表面は、

上下の層、地球自身、及び太陽、月等の他の天体からのエネルギー供給を受けて、数十億年に渡り様々な活動を続けて来た。人類を始めとする生物はその活動の僅かな揺らぎでも、大きな影響を受けている。

18世紀は、1707年に富士山が宝永の大噴火を起こし、東海道沖から南海道沖を震源とする大地震が発生するなどの日本で大災害が相次いだ時期であったが、ヨーロッパでも、1755年にリスボン大震災が発生するなど、地球表面の活動期であった。カントは、同震災の翌年に3編の地震論を発表している。その中で、地震前後、ヨーロッパ全域に渡り、異常気象（暖冬）が発生していて、これが、余りに並はずれなので、その為にあのような大地震が起こったといっても許されるだろうと述べている[1)]。この地震とその年に相次いで発生した地震は、ポルトガルはもとより、欧州全体の政治・哲学にまで影響を与えた。大航海時代にスペインと覇を競った海洋帝国ポルトガルの国力は衰退し、その後のブルジョアジーの台頭、市民革命に繋がっていく。

20世紀後半は、地球表面の活動が比較的平穏な時期であり、世界各国で、急激な経済成長、爆発的な人口の増加と都市への集中が起こった。今世紀に入り、地球表面は活動期に入っている。大気の活動である台風、豪雨、豪雪、熱波、寒波は20世紀の統計を大きく上回るレベルとなり、特別警報等、従来の警報の上のランクが作られ、毎年、発せられている。地殻と海洋の活動である地震、津波に関しても、規模、様相、頻度において、専門家の説明、予測を覆す事象が相次いで発生し、毎年、大災害を生じている。これらに呼応するかのように、人類の政治活動も激化している。我が国の大都市がミサイル等により、再び空襲を受ける危険性も高まっている。

洪水対策に関しては、ダム、堤防等の構造物を建設、強化することを中心とする対策から、流域における保水・遊水機能の維持、浸水被害を抑える土地利用方法など、河川と流域の両面から水害の軽減と防止をはかる総合治水対策に転換されている。洪水時の避難指示方法と避難経路・避難所の確保、救助体制の整備強化も進められている。津波に関しても、2011年の東日本大震災を受けて、全国各地で、想定高さが大幅に引き上げられ、到達時間の予測も厳しくなっている。大きな所では従来の想定の10倍以上となり、避難が対策の中心となっている。ところが、地震対策に関しては、依然として構造物を建設、強化することを中心とする対策が推進されている。専門家は、1995年の阪神・淡路大震災以降、大地震の度毎に、「被害を生じたのは古い建物である。新耐震、耐震補強済みの建物は被害がほとんどなかった」とする見解を繰り返している。2011年の東日本大震災に関しても、建物被害はそれほど大きくなかったとされ、埋め立て地や旧河道などの液状化にともなう被害が指摘されるに留まっている[2)]。

東京都心部では、超高層ビルを中心とする多数の集客を前提とした再開発が続々と竣工し、開業し、多くの人々を集めている。現行基準を満たす建築物は、大地震でも、避難場所として機能するとされているので、郊外から都心に来訪する人々、都内の新耐震や大臣認定のマンションに住む人々には、一時避難する避難場所、及び避難生活を送る避難所は用意されていない。周辺の道路には普段から人と車が溢れ、ビル風が生じている。これらが、地震、攻撃等により、倒壊、あるいは、機能停止に陥る事態が生じた場合、火災を生じた場合には、避難しようとする人々、見物する人々、消防関係車両などが、道路を閉塞させてしまう。群衆雪崩により、多数が死傷する。ビル風に煽られて、勢いを増した炎が竜巻のようになって、避難しようとする人々や周囲の建物を焼き尽くす火災旋風が発生する危険性もある。前世紀の 1923 年関東大震災で隅田川に掛かる橋の上、周囲、そして、沿岸の陸軍被服廠跡地で起こった大惨事が、100 年余りの年月を経て、桁違いの厳しさを持って繰り返される危険性がある。

このような状況には、本文に掲げた 3 つの説明、あるいは解釈が深く関わっている。第 1 は、「新耐震基準は震度 6 強から震度 7 の地震動を想定している。」というものである。これは、行政、報道機関が行う一般向けの説明に頻繁に使われ、今では、日本の地震対策の基本となっている。例えば、マンションの耐震性等について、「現行の耐震基準（新耐震基準）は昭和 56 年 6 月から適用されていますが、中規模の地震（震度 5 強程度）に対しては、ほとんど損傷を生じず、極めて稀にしか発生しない大規模の地震（震度 6 強から震度 7 程度）に対しても、人命に危害を及ぼすような倒壊等の被害を生じないことを目標としています。」という説明が国交省からインターネットで公開されている [3]。東京都のホームページにも、同様の説明がある [4]。

東日本大震災を受けて、地震自体の想定は大幅に見直され、地震の揺れを示すハザードマップも大幅に改訂された [2]。しかし、ハザードマップは震度で表示されており、震度 7 を超える場所はないので、新耐震ならば大丈夫であると皆が思ってしまう。しかし、新耐震基準の想定は、上記の説明、あるいは解釈のように、現行の震度（気象庁震度階級）と関係づけることはできない。理由は以下の 3 つである。

1. 震度 6 強等の現行の震度は 1995 年に気象庁が定めたもの [5] で、新耐震基準が制定されたのは 1981 年であり、現行の震度の制定の 14 年前である。
2. 震度 7 は震度の最大階級であり、震度 7 強や震度 8 などはない [6]。どのように激しい揺れでも震度 7 止まりである。つまり、震度 7 の揺れには際限がない。従って、これに耐えるような設計基準を作ることは、建物を空中に浮遊させることを規定するなどしない限り、不可能である。
3. 震度は、震度計で計測された地面の水平 2 方向と上下方向の 3 方向の加速度記録から計算される指標 [6] である。一方、新耐震基準は、地震力と称する力を外力として建物に加えた計算で安全性を判断する規定である [7]。新耐震基準は、地面の揺れではなく、建物に働く力を想定していることになる。両者の間には、加速度と力の違いだけでなく、場所と方向の違いもあり、両者を結びつけるには、前提条件、仮定が必要になる。直接は結びつかない。

上記 1.の年代前後、及び 2.の際限の無さだけでも、新耐震基準に限らず、震度 6 強から震度 7 の地震動を想定した耐震基準を 1981 年に作成することはできないことは明らかである。3. に掲げた物理量、場所、及び方向等の違いは、内容に立ち入った理由であるが、本文(2)に掲げた「新耐震基準は自然の法則に即した汎用的な基準であり、新耐震基準で建設された建物は、高さや構造形式に関わらず安全である」という説明、あるいは解釈の真偽の解明につながるものである。

地震は、震源の破壊が建物の周囲の地盤に伝わって、地面が揺れ、建物はこれに応じて揺らされる自然現象である。最近ではドライブレコーダー、防犯カメラなどの映像で実感することができる。地面の揺れが、建物に対する入力であり、建物の揺れは応答、建物は入力を受けて応答するシステムである。建物の耐震設計は、地面の揺れを想定して、建物の揺れを計算し、これが建物を倒壊させたり、中の人を傷つけたりしないように、建物の諸元や材料を決めるものであると誰もが思う。では、どのくらいの揺れを想定しているのかというのは、当然の疑問である。「新耐震基準は震度 6 強から震度 7 の地震動を想定している。」という説明は、これに応えている。

ところが、新耐震基準の技術解説書には、想定する地面の揺れに関する記述はない。地震に対する安全性の確認方法としては、地震力と称する外力の計算方法と、この力を建物に加えたときに生ずる変形等の応答の計算方法が、告示等で詳細に規定されていることが述べられているのみである [7]。新耐震基準の制定に関わった専門家の解説書には、地震力はすなわち慣性力であるとして、地震が建物に地震力を生ずることは自然の法則である。地震力は、質量×加速度で表すことができる。この加速度は、建物の揺れ方に応じて、建物内で、一定になったり、高さ方向に、3 角形状になったりして、建物内で変化する。また、建物の固有周期に応じても変化する。新耐震基準の地震力の規定は、様々な研究によって、これらを明らかにして、簡単な計算式で表したものであるというような説明が行われている [8]。これは、ほぼすべての専門家の共通理解であり、教室でも、このように教えられている。地面の揺れではなく、地面の揺れが建物に生ずるとされる地震力に対して設計する方法は、汎用的な方法であるとされ、ISO 規格：ISO3010、及び JIS 規格：JIS A 3306「構造物への地震作用」となっている。

地震が発生して地面が揺れても、新耐震基準が規定する地震力あるいは、上記専門家の説明にある慣性力というような、建物の各部分に、その質量に比例して作用する外力は発生しない。このような外力は、万有引力による重力以外には存在しない。慣性力は、電車の中などの動いている観測点から周りを見ると、周りの物が、空間に固定した視点から見るのとは、違う動きをするという現象を数式的に説明するときに現れる架空の力である。英語では、*fictitious force* と呼ばれる。これは、質量×加速度で表すことができるが、この加速度は、観測点の加速度に負号を付したものに、観測点の回転によるものを加えたものである [9),10]。上記専門家の説明のように、建物の揺れ方に応じて、建物内での分布形状を変化させたり、建物の固有周期に応じて変化したりするようなことはない。

上記専門家の解説にあるように建物内で変化する加速度に各部分の質量を乗じたものは、慣性力ではなく、慣性抵抗と呼ばれるものであると考えられる。これは、ニュートンの運動方程式（質量×加速度＝作用力の合力）の左辺を仮想の力に置き換えて、静的なつり合い式と見做す場合に用いられる量である。この加速度は、地震で建物が揺れた場合に生ずる加速度（応答加速度）に負号を付したものであり、慣性抵抗は、地震により建物の各部分に生ずる応力の合力に釣り合うものになる。しかし、応答加速度は、地震による地面の揺れ（地震動）の性質、建物の構造、材料等によって大きく変化する。建物を設計する前には、構造や材料が確定しておらず、これは計算できない。慣性抵抗を地震力として予め与えて、これに対して設計を行うことは、地面の揺れを具体的に与えた上で、所定の地震力に釣り合う応力が生ずるように諸元を調整するフィードバック計算を繰り返さない限り不可能である。しかし、新耐震基準にはこのような規定はない。

建物の構造や諸元が確定する前に、地震力を与えること、即ち、建物に生ずる応力、慣性抵抗、あるいは、これを質量で除した応答加速度の分布や大きさを決めることはできないはずであるが、新耐震基準は、単純なモデルでこれを行っている。上記専門家の解説書によれば、新耐震基準の地震力算定式の内、建物内での地震力の分布（外力分布）を示す式は、せん断棒と呼ばれる単純な弾性構造モデルにホワイトノイズを入力して得られた応答加速度から作成したとのことである。また、地震力の大きさを規定する算式は、1 質点系と呼ばれる別の単純な弾性構造モデルに、1960 年代までに国内外で観測された地震動を入力して計算された応答加速度（応答スペクトル）から作成されたようである。結局、新耐震基準は、建物の応答から計算した架空の力を外力として与えて、建物の応力、及び変形（応答）を計算するという自己撞着的構造である。さらに、設計対象とする建物に、地震力算定用の単純な弾性構造モデルと、構造計算を行う複雑な非弾性構造モデルの 2 種類を当て嵌めて、互いの整合性を取らないという矛盾した 2 重構造である。

既存の旧耐震基準建物の耐震診断に用いられている耐震診断基準書には、旧耐震 RC 系建物に対して行われる耐震診断計算も、新耐震基準と同等の指標や係数によって安全性が判断されていると解説されている[12]。このように、矛盾した自己撞着的 2 重構造を持つ計算法で算出された数字が、細かく問題にされて、新築の安全性、既存の補強設計、取り壊しの判断が行われている現状である。後述するように、耐震診断結果と、実際の被害の様相の食い違い、耐震補強済みの建物が取り壊される事態が生じていることは、当然であると考えられる。

超高層建築物等に関しては、地震力に対して特別の構造計算を行って安全であることを確かめるように規定されている。この場合の地震力は、構造物と周辺の地盤の各部分の質量に加速度を乗じて計算するものであるとされ、この加速度の算定方法が詳細に規定されている[13]。この地震力を与える加速度は、前述のものとは異なり、建物の揺れ方によっては変化しないので、慣性力であるとも解釈できる。しかし、どこに観測点が置かれているのかが明示されていない。しかも、慣性抵抗であると考えられる前述の地震力と、超高層の慣性力的な地震力は全く別物であるが、耐震基準は、地震力という用語をこの両義に用いている。

構造物と周辺の地盤の各部分に、予め計算した加速度と質量を乗じた外力を掛けるということは、現実には、万有引力を用いる以外には不可能であるが、コンピュータの中ならば簡単に出来てしまう。これは、時刻歴応答解析と呼ばれる計算法であり、構造物と周辺地盤を多くの接点によって詳細にモデル化し、各接点に上記の外力（地震力）を加えて運動方程式を解いて各部分の変形や応力を計算する方法である。しかし、この方法で計算される変形や応力は架空のものであり、現実にはあり得ないものである。この地震力は、計算開始直後から、計算モデル内の全ての部分に、その質量に比例するエネルギーを供給し続ける。モデルは恰も原子炉の中のような状態になり、このエネルギーを捨てないと解が発散してしまう。この問題は、計算式に、減衰項を設けることで解決されている。減衰項は原子炉の冷却水のような役割を演ずる。この為、時刻歴応答解析は、減衰力の大きさを決める減衰定数の操作で結果が左右されるという恣意性を有するものになっている。

現実の構造物も、周辺の地盤から波動として伝搬してくる地面の揺れ（地震動）に応じて揺れる。地震が終わって、しばらくすれば、揺れは収まる。しかし、これは、地盤や構造物内部の弾性力、摩擦力等、現実の力によるものである。地震力や減衰力と呼ばれる実在しない力によるものではない。実在する力には、必ず反作用が存在する。しかし、地震力も減衰力も反作用を持たない。これらが、時刻歴応答解析の計算モデルに供給し、消費するエネルギーは直接モデル外から来て、モデル外へ出て行ってしまう。実在しない地震力や減衰力が描く建物の揺れは架空の世界の映像に過ぎない。これは、計算結果を示すアニメーションで、建物の基礎、地面など、必ず、全く動かないところがあることに現れている。現実の地震で、建物やその周囲に、このようなところはあり得ない。

構造物への地震作用を、慣性力（*fictitious force*）という架空の外力で表して設計することは、20 世紀初頭から行われていた [14),15)]。しかし、当初は、この方法の力学的な背景、仮定、及び限界が、明確に認識されており、適用する範囲を小規模な弾性構造物や剛な構造物に限って、設計では、材料や荷重に大きな安全率を用いていた [16)]。しかし、最近では、地震作用を外力とする現実にはあり得ない架空の計算が、300m を超える超高層、あるいは、地盤と構造物を含めた大規模な空間での非弾性計算にまで適用されている [17)]。前記専門家の説明、及び技術基準解説書に見られたように、慣性力と慣性抵抗を混同していること、及び、これらの架空の力を、現実に存在する力であると誤認していることが、このような事態を招いていると考えられる。

1995 年の阪神・淡路大震災以前には、新耐震基準の建築物は震度幾つまで耐えられるかというように、気象庁の震度と耐震基準の想定を結びつけることは無かった。耐震設計用の震度は、想定地震動の最大加速度を重力加速度で除したものであると定義されており、気象庁の震度とは違うと説明されていた。耐震基準の想定は、関東大震災クラス、あるいは、観測された最大の地震動であるということが専門家から一般の方々までの共通理解であった。

1993 年釧路沖地震では、釧路海洋気象台で水平方向の最大加速度が 0.9G に達する揺れが観測されたとの速報がなされた。「これは、観測史上最大、新耐震の想定を大幅に超える地震動である、一大事だ。」ということで、専門家だけでなく、マスコミも現地に殺到したが、気象台の建物にも周囲にもほとんど被害がなく唖然としたものである。なお、この地震動は、当時の規定により、震度 6（烈震）であると発表されている。この時点では、「新耐震基準の建築物は震度 6 の地震に耐えるように設計されている」と言う専門家はなく、「なぜ、気象台や周囲の古い建物が新耐震の想定を大幅に超える地震動に耐えたか分からない」というのが多くの専門家に共通の率直な反応であった。その後、観測記録と現実の地震動の違い、最大加速度を指標値とすることの問題、建物周辺の地盤の影響等々から、設計基準の規定、強度計算式等に含まれる余裕などまで、多岐に渡り、様々な理由が指摘されている。しかし、これらを定量的に設計基準に盛り込んで、現実との乖離を埋めようとする動きは起こらなかった。

前記専門家の解説書によれば、新耐震基準の地震力算定式は、水平方向の最大加速度が 0.3～0.4G である地震動が建物で 2.5～3 倍程度に増幅されると考えて作成されている [17]。これを数倍～1 桁以上超える地震動は、1993 年釧路沖地震以降、全国各地で度々観測されている。しかし、新耐震基準だけでなく、旧基準の建築物であっても、メンテナンスが行き届いた建物の倒壊率は小さいという事態が繰り返されている。1995 年阪神・淡路大震災を契機に、「なぜ、周囲の古い建物が新耐震の想定を大幅に超える地震動に耐えたか」という率直な問いは忘れられ、そもそも、「新耐震基準は震度 6 強から震度 7 の地震を想定している。」という後付けの説明が広まり、「新耐震基準は自然の法則に即した汎用的な基準であり、新耐震基準で建設された建物は、高さや構造形式に関わらず安全である」と、一般の方々に信じられるようになった。

最近では、「旧耐震基準の建築物は震度 5 強程度まで耐えるように設計されている。」というように、新旧耐震基準が恰も、同じ方法論であり、新耐震基準は想定レベルを向上させたものであるかのような、誤った解説も見受けられる。大地震の度に速報される震度は、7 を超えることはなく、ハザードマップにも震度 7 までしか記載がないので、一般の方々は、新耐震基準は完璧であり、旧耐震基準はダメな基準であると思い込んでしまう。これらも誤りである。新耐震基準は、自然の法則に即した汎用的な基準ではなく、その適用範囲は、同基準が地震力を介して暗黙に規定している加速度を生ずると見なせるような構造物と地震動とに限られる。新耐震基準で建設された建物は、高さや構造形式に関わらず安全であるとは言えない。新耐震基準の計算法で、旧基準や戦前の構造物の安全性を評価することなどできない。方法論的には戦前の基準、及び旧耐震基準は新耐震基準よりも明快で、遥かに合理性と汎用性がある。これらの基準でしっかり作られた中低層の RC 系建物は阪神・淡路大震災の震度 7 の激震にも耐えている。難を挙げれば、高層建築が難しいというだけである。

ところが、同震災後、建築物に関しては、「倒壊して死傷者を出したのは古い木造住宅など旧基準の建物がほとんどである。新耐震基準の建物の倒壊率は小さく、新耐震基準は妥当であった。」とする見解が示され、歴史書にも掲載されている [19]。東日本大震災、熊本地震、能登半島地震などの大地震の度に、「倒壊の原因は旧耐震基準である」とする報道、専門家のコメントが繰り返されている。これらの見解等により、「地震対策は旧基準建物が新耐震基準並みの強度を持つかどうかを計算で確かめる耐震診断と、壁を増やす、柱に鉄板を巻く等で新耐震基準並みの強度を持たせる耐震補強で十分である。」ということが、社会的なコンセンサスとなり、公的な助成制度が拡充されている。これらが、本文に掲げた第 3 の誤解である。まず、阪神・淡路大震災の被害から、「人命に危害を及ぼす倒壊の原因は旧耐震基準である」と言えるかどうか、被害統計を、もう一度、詳しく調べてみよう。

1995 年阪神・淡路大震災の三宮周辺の震度 7 の帯の地域のマンション等の鉄筋コンクリート系建物 3911 棟の被害区分と建設年代が建築学会から報告されている [20]。この内、70%程度が 3 階建～6 階建を中心とする共同住宅系である[21]。年代あるいは被災度が不明なものを除外した3894棟について、5種類の建設年代グループについて、被災区分毎に集計して解表1に掲げた。ただし、軽微~大破はまとめて表示している。1971年は、1968年十勝沖地震の被害を受けて、せん断補強鉄筋の間隔が新耐震基準並みに変更された年である。1981年は、新耐震基準が制定された年で、③の1982年以降が所謂新耐震建物である。建築学会の報告書では、①は第1世代、⑤は第2世代、③は第3世代と呼ばれている。③の新耐震建物は、1859棟、倒壊は20棟で、倒壊率1.1%、④の旧耐震建物は、2035棟、倒壊は104棟で、倒壊率5.1%である。しかし、この大半の1353棟は、新耐震基準の規定を一部前倒した⑤の1972年～1981年に建設されたもので、6.0%の81棟が倒壊している。一方、①の純然たる旧耐震建物は、3.3%の23棟しか倒壊していない。

解表1 阪神淡路大震災震度7の帯のRC系被害統計

建物建設年代グループ	棟数	無被害率(%)	軽微~大破率(%)	倒壊		
				比率(%)	棟数	割合(%)
① 1971年以前（第1世代）	682	51.6	42.0	3.3	23	18.1
② 1972年以降	3212	55.0	38.9	3.2	101	81.6
総計（全年代）	3894	54.4	39.4	3.1	124	100
③ 1982年以降（第3世代）	1859	63.8	33.0	1.1	20	16.5
④ 1981年以前	2035	45.8	45.2	5.1	104	83.5
⑤ 1972年~1981年（第2世代）	1353	42.9	46.9	6.0	81	65.4

この結果は次のことを示している：

1. 年代区分を設けない全年代の倒壊率は、約3%であり、新耐震基準が一部先取りされた①1971年以前と②1971年以降に分けても比率はほとんど変わらない。
2. ⑤1972年~1981年のグループの倒壊率が他のグループの2倍近くであり、これが、④1981年以前の旧耐震グループの倒壊率を押し上げている。これと前項の事実から、倒壊しないということに関しては、中低層のRC系建物であれば、旧基準でもほぼ達成されており、新耐震基準になっても、さほど改善されていないことが判明する。
3. 倒壊率は、⑤1972年~1981年のグループを含めた④1981年以前の旧基準グループでもほぼ5%程度である。どのグループにとっても、倒壊するという事象は稀に起こるものである。従って、倒壊するかしないかを分けたのは、これらの年代グループに共通する性質である設計基準の新旧ではなく、個別の建物に関する要因であると推定される。
4. 建築年代から、新耐震基準で設計されたと推定できる建物の倒壊率が小さいことは事実であるが、この裏である「設計基準が新耐震基準でなければ倒壊率が大きい」という命題は、必ずしも、真ではない。ましてや、新耐震基準並みの強度を持たせるように補強すれば倒壊率が小さくなるとは結論できない。

以上より、倒壊による死傷者を減らすには、設計基準の新旧ではなく、個別の建物に関する要因を調査し、個々の建物に応じた対策を講ずることが有効であると結論される。個別の倒壊要因としては、地盤条件、設計・施工の品質、老朽化、コンクリートの塩害等の問題が挙げられる。構造物の被害と地盤条件との相関関係の強さは、木造建物に関する 5 学会の報告書でも具体的に指摘されている [22]。

解表 1 の①の 1971 年以前の純然たる旧基準建物では、震度 7 に相当する激震を受けたと考えられる地域にありながら、倒壊率が 3.3%と小さい上に、半数以上（51%）が無被害である。この地域には地震計は無かったが周辺地域の記録等から、新耐震基準が暗黙に想定していると考えられる最大水平加速度 0.3～0.4G を大幅に上回るレベルの地震動が生じたと考えられている。1993 年釧路沖地震で明らかになった新耐震基準の（暗黙の）想定を大幅に上回るレベルの地震動が生じたと考えられる地域でも、新・旧耐震基準に関わらず建物の多くは、倒壊しないだけでなく、被害すら免れているという現象が、ここでも、繰り返されている。

本文(3)の「人命に危害を及ぼすのはほとんどが旧耐震基準の建物であり、地震対策は旧基準の耐震診断と補強だけで十分である」という認識が正しくないことは、新耐震基準の目標とする性能からも明らかである。旧耐震基準は、地震に際して構造物が弾性範囲内で振動すること、則ち、損傷を生じないことが目標であった。新耐震基準では、前述のマンションの耐震性の Q&A にあるように、地震を大規模の地震と中規模の地震に分け、大規模の地震に対しては、弾性範囲を超えることを許容し、倒壊等人命に危害を及ぼす被害を生じないという目標に変更されている。大地震では、建物は使用できなくなっても、人命が助かればよいとの基準である。従って、大地震では、新耐震基準、及び新耐震基準並みの強度を持つように耐震補強したマンション、商業施設、庁舎、学校等は設計計算上、使用できなくなるので、これに対する対策が必要となる。

現に、東日本大震災では都庁を始めとする現行基準で設計された多くの高層ビルが長期間使用停止に追い込まれた。火災を発生したものもある。東北大学では、耐震補強済みの RC・SRC 造 3 棟が被災し、これらを取り壊し、6 階建て以下に建て替えている [23]。また、栃木県の中学校では、震災の前年に耐震補強工事を終えた RC 造 3 階建て校舎を、取り壊し、プレハブ校舎で授業を行い、自費で 2 階建てに建替えている [24]。熊本地震では、熊本大学で、RC 造の工学部 1 号館が被災し、本部等は移転を余儀なくされ、取り壊し、建て替えている。益城町では、外付けフレーム等で耐震補強した庁舎は地震後ただちに立ち入り禁止となった。職員の方々は、スマホのメール等だけで災害対応と復旧に当たるという事態に追い込まれている。これも建て替えられた [25]。

耐震補強工事による仮住まい、騒音、臭気等の不自由を経験した学校、行政の関係者は、 想定を全くしていない突然の長期に渡る立ち入り禁止で、貴重な時間、研究資料、行政資料、機材、データなどを失った。この状況で、震災後の各種の対応を迫られている。外部からの調査団等への対応も行わなければならない。筆舌に尽くし難い精神的、肉体的労苦を長期間強いられている。上記は象徴的な事例であるが、稀な出来事ではない。

建築学会東北支部は、東日本大震災後に、耐震診断と補強設計に関わった仙台周辺の学校建物 82 棟について Is 値と被害の関係を調査した。Is 値が 0.7 未満で、未改修建物は 7 棟であった。これにはかなりの数で被害が出ていると予想された。しかし、全て被害は軽微であった。また、Is 値が 0.7 以上であるか、耐震改修して 0.7 以上になった建物は 75 棟あった。被災率は小さいと予測されるが、この内、D3（構造体被害）が 3 棟、D2（非構造部材の剥落）が 8 棟であった。この結果を受けて、東北支部は、「使用継続性を言及する新たな耐震性能の評価手法の構築が急務であると思われる。」と述べている [26)]。

熊本大学は、約 210 億円の被害を被った [27)]。施設管理担当者の話によれば、「新しい建物、古い建物関係なく壊れた。取り壊し予定のため無補強だった建物は無被害で、隣接する補強済みの建物は壊れた。」とのことである。熊本市は公共施設の耐震化率 100%であったが、同地震で、避難所となる公共施設、病院の使用停止等による震災関連死が倒壊等での犠牲者の 4 倍となる事態が生じている。以上の事例からも、「人命に危害を及ぼすのはほとんどが旧耐震基準の建物であり、地震対策は旧基準の耐震診断と補強だけで十分である」という認識が誤りであることは明白である。

以上より、1995 年の阪神・淡路大震災を契機に広まった「新耐震基準は震度 6 強から震度 7 の地震動を想定しており、自然の法則に即した汎用的な基準である。同基準で建設された建物は、高さや構造形式に関わらず安全である。人命に危害を及ぼすのはほとんどが旧耐震基準の建物であり、地震対策は旧基準の耐震診断と補強だけで十分である」とする説明、あるいは解釈は、新・旧耐震基準の方法論、及び大震災における構造物の被害状況に照らして是正することが望ましいと結論される。

インフラ施設に関しても同様である。代表格の新幹線は阪神淡路大震災で、多数の高架橋脚が破壊し、線路が沈下、崩落を生じたことを受け、巨額な費用と約 30 年の時間をかけて、柱に鉄板を巻いたり、鉄板を貼り付けたりする耐震補強が行われているが、高架橋脚等の被災、脱線、長期に渡る運航停止が生じている。2022 年 3 月 16 日の福島県沖地震で、やまびこが脱線し 5 人が怪我をする事故が発生した。地震が起きた際に列車は白石蔵王駅での停車に向け減速しており、地震を検知して非常ブレーキがかかる過程、または停車後に脱線したと考えられている。

地震も、津波、豪雨、暴風と同様に、地球表面の活動から生まれる自然現象であり、20 世紀の知見に基づく想定の約 10 倍に達するレベルとなっている。2016 年熊本地震、2024 年能登半島地震等、震動による壊滅的な被害の復旧途上で、豪雨による大洪水、土砂災害に見舞われる事態が相次いでいる。地震対策は、新耐震基準に従って旧基準構造物を強化すれば十分であるとする解釈、説明を見直し、地震、津波、豪雨、暴風、空襲等から、都市と国民を守る統合防災へと転換することを提案する。

【文献】

1)　大橋　容一郎、松山　壽一：カント全集 1 、pp275～337、岩波書店、2000 年

2) 中央防災会議：東北地方太平洋沖地震を教訓とした地震・津波対策に関する専門委員会　報告、2011年9月

3) マンションの耐震性等についてのQ&Aについて、https://www.mlit.go.jp/kisha/kisha05/07/071208_2_.html#10

4) 建物の耐震性能とは？、https://www.taishin.metro.tokyo.lg.jp/proceed/topic04_01.html

5) 気象庁：震度の活用と震度階級の変遷等に関する参考資料、平成21年3月

6) 気象庁：震度について、https://www.jma.go.jp/jma/kishou/know/shindo/index.html

7) 全国官報販売協同組合：2020年版建築物の構造関係技術基準解説書、pp296～307、2020年11月

8) 石山祐二：耐震規定と構造動力学 pp9～25、三和書籍、2008年3月

9) 戸田　盛和：物理入門コース　力学、pp190～226、岩波書店、1982年11月～2019年1月

10) A.P.フレンチ著、橘高知義訳：MIT物理　力学、pp218～248、培風館、1983年9月～1995年10月

11) 7)と同じ、pp340～348

12) （一財）日本建築防災協会:2017年改訂版　既存鉄筋コンクリート造建築物の耐震診断基準　同解説、pp229～230、2017年9月

13) 7)と同じ、pp487～490

14) 佐野　利器：「家屋耐震構造論」　上編　第1章　第1節、1916年

15) 真島健三郎：地震と建築、pp33～34、p108、丸善株式会社、1930年6月

16) 大橋雄二：建築基準法の構造計算規定及びその荷重組み合わせと長期・短期概念の成立過程、日本建築学会構造系論文報告集　第424号 pp1-10、1991年6月

17) （一財）日本建築センター：性能評価を踏まえた超高層建築物の構造設計実務、pp7～21、2019年7月

18) 8)と同じ、pp37～48

19) 宇佐美龍夫：最新版　日本被害地震総覧 p524、2003年4月、東京大学出版会

20) 日本建築学会：阪神・淡路大震災と今後のRC構造設計 p4～6、1998.10

21) 日本建築学会近畿支部：1995年兵庫県南部地震コンクリート系建物被害調査報告 p12-13、1996年7月

22) 日本建築学会、地盤工学会、土木学会、日本機械学会、日本地震学会：阪神・淡路大震災調査報告　建築編-4　木造建物　建築基礎構造、pp20～23、日本建築学会、1998年3月

23) 日経アーキテクチュア10月25日号、pp.34～35、日経BP社

24) 市貝町ホームページ、9月1日更新版

25) 毎日新聞：益城町、役場庁舎建替えへ　基礎くい全損の可能性高く、2016年10月13日、毎日新聞地方電子版

26) 日本建築学会東北支部：2011年東北地方太平洋沖地震災害調査、pp74～78、2013年

27) 熊本大学：平成28年（2016年）熊本地震　被害状況と復旧に向けた対応状況、2016年12月3日、ホームページより

第２　大地震等への新たな対策の実施

日本においては大地震、あるいは空襲等により、大都市の機能が大きく損なわれ、様々な波及被害を生じ、国家の存立を脅かす大災害に至る危険性が日々増大している。構造物を強化する対策では、厳しさを増す地球環境において安全を確保することはできない。次の対策を新たに実施することを提案する。

(1) 設計基準の新旧、大臣認定等の有無等に関わらず、建築物、インフラ施設が、機能停止に陥った場合の避難経路、避難場所、避難所を確保できる規模に建築物の床面積を規制する。特に、鉄道駅、主要幹線道路沿道、及びこの交差点付近には原則として、床面積の増加を認めない。

(2) 既存、新設を問わず、都市を構成する構造物、及び都市内、都市間を連絡する構造物の大地震等に対する機能の維持回復能力を、現実に即して評価し、向上させる。これには、収震設計が有効である。

(3) 大都市と衛星都市の間に、災害時でも稼働する複数の直通高速避難・補給路を確保する。これには、大深度地下を利用することが有効である。

【解説】地震危険地帯では、近い将来、大地震等により、都市機能が損なわれ、様々な波及被害を生じ、国家の存立を脅かす大災害に至る危険性が存在する。これらは世界的問題であるが、最も厳しく直面しているのが、欧亜地震帯と環太平洋地震帯の交点にあり、地球表面が活動期に入る中で、人口の減少と経済活動の停滞期を迎えた21世紀の日本であり、東京である。豪雨、津波等と同様に、大地震等に対しても、構造物を強化する対策では、厳しさを増す地球環境において安全を確保することはできない。災害全般、及び人為的攻撃に対する統合防災の一環として、新たな対策を実施することが急務である。

現代都市の活動には膨大な人工的エネルギーを要している。我が国では、長大な送電網が設置され、上越、東北等から、東京圏への電力供給が行われている。水、食料を始めとする物資も、日本国内だけでなく、世界中からの供給で毎日の都市活動が維持されている現状である。都市施設、特に都市間、都市内にあって、日々のエネルギー、水、食料等、多種多様な物資を供給するインフラ施設の更新には、多大な資源、労力が必要であり、その負担は国民に重くのしかかっている。日本では、トラック輸送、建設業に従事する人々の絶対数が不足し始めており、今後、状況は益々厳しくなると予測されている。

以上の現実を踏まえ、大地震等による破局的な被害を防止するため、次のような対策を新たに実施することを提案する。

第１に、設計基準の新旧、大臣認定等の有無に関わらず、建築物、インフラ施設が、機能停止に陥った場合の避難経路、避難場所、避難所を確保できる規模に建築物の床面積を規制することが必要である。これは、新耐震基準、大臣認定建物であれば、避難の必要はない。避難者は発生しないという誤った認識の結果、避難経路、避難場所、避難所が大幅に不足している大都市の現状を踏まえ、これ以上の危険の蓄積を避ける為の措置である。特に、鉄道駅、主要幹線道路沿道、及びこの交差点付近は、交通の要衝であり、構造物の倒壊・機能停止は、都市全体の避難、救助・救援に障害をきたすので、厳しく規制する必要がある。

第２に、現状では、1981 年以前の旧耐震基準建物のみを対象として、現行基準並みの強度があるかどうかを計算で確かめる耐震診断と、RC 系構造物に関しては、鉄板、鉄骨ブレース、コンクリート壁等を挿入する方法、鉄骨造、木造に関しては、筋交いを増設する方法などで、現行基準並みの強度を付与する耐震補強が行われている。これらの効果は、目標性能的にも、方法論的にも、地震被害実績から見ても限られている。特に、大都市においては、8 割近くに達していると推定される新耐震基準建築物については、診断も補強も行わなくてよいとするものである。

この現状に対して、既存、新設を問わず、都市を構成する構造物、及び都市内、都市間を連絡する構造物の大地震等の災害に対する機能の維持回復能力を、現実に即して評価し、向上させる新たな対策を講ずる必要がある。これには、収震設計が有効である。

収震設計は、収震性と名付けた弾性と慣性、そして重力による構造物の基本的な性質に注目し、弾性計算、微動計測、そして高弾性材料を用いる方法であり、既存、新設・新築、構造形式、規模を問わずに適用可能である。実測と計算で得られる多数の指標を用いて設計する方法で、既往の設計・施工実績、被害・無被害事例と設計対象の類似性、特殊性の分析結果を、設計判断に役立てることができる。現状では、現行基準で設計、あるいは施工された後に収震設計・補強を行うことで、地震後も機能する構造物と都市を造り、壊滅的被害の危険性を減ずることを計る。現行の耐震関係の技術基準に代えて用いることができるような制度になれば、新築及び耐震補強工事における鉄、コンクリートの使用量を削減し、建物の解体を減らすことによる省資源、省コスト、省力化、CO_2削減等の効果を発揮する。第二部に、統合的指針を掲載している。

第３に、大都市と衛星都市の間に、災害時でも稼働する複数の直通高速避難・補給路を確保する必要がある。これは、超過密な都心部の現状から、都心だけで、避難場所、避難所を確保することができないことに対して、衛星都市への避難経路、これからの救助・救援経路、物資とエネルギーの供給経路を確保するねらいがある。さらに、常時には、衛星都市と都心を短時間で行き来できるインフラとして、衛星都市も含めた新たな都市圏を形成する効果も持つ。第１の対策により、都心の床面積増加を伴う再開発による都心への一方的な人口吸引は抑制されるが、このインフラの新設によって、都心と衛星都市の双方向の人々と物資の往来が活発化し、均衡ある発展が実現する。過密な都心の再開発よりも、都市圏、国家にとっての経済的効果は大きい。

これには、大深度地下を利用した高速鉄道、物資・エネルギー幹線を建設することが有効である。用地取得費用がほとんど掛らないこと、地震、空襲による破壊、機能停止に対する危険性も地上を通るルートよりも小さいことなどのメリットが大きい。

第３　都市間直通高速幹線の建設

都心への人口と機能の集中を抑え、時間・空間的にゆとりのある生活を実現し、人口減少に歯止めをかけ、都市圏全体に均衡ある発展を齎すことを目指して、主要都市の都心と、衛星都市、空港等に設けた地下新駅の間を結ぶ都市間直通地下高速幹線を建設することを提案する。

地下新駅には、災害時の避難場所、発電所、備蓄庫、救護、救援、及び補給の拠点としての機能を付与する。常時は、高速交通機能を担う駅施設とし、直通する各衛星都市拠点及びこの周辺に存在する既存の商業、就業スペースの活用と拡大を図る。

【解説】東京、大阪等の主要都市の都心部では各所で再開発が実施され、都心への人口と機能の集中は増々加速している。これに伴い、衛星都市機能の衰退、ベッドタウン化、駅前のシャッター通り化を招いている。若年人口は、主要都市に集中し、日本の人口減少と高齢化に歯止めが掛からない。

都心部は幾重にも構造物群で囲まれており、地震等でこれらの構造物が倒壊し機能停止となり火災が生じた場合には、人々が都心から周辺へ避難すること、及び周辺から都心部への救助・救援に向かうことも困難となる。

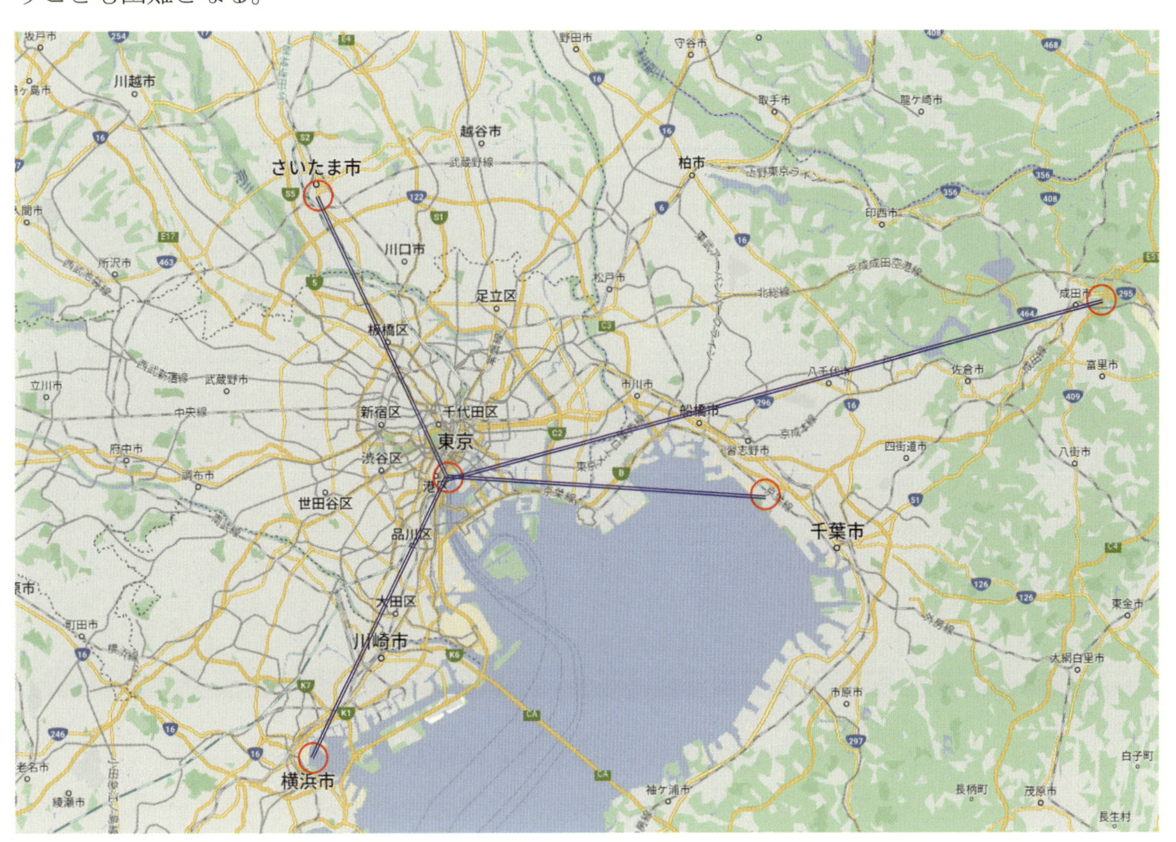

出展:Google マップ に加筆

図１　東京圏における都心衛星都市間直通高速幹線計画

以上の課題に向け、主要都市の都心部に地下新駅を設け、これと衛星都市の間を地下高速直通幹線で結ぶことを提案する。

図１に、東京圏を例にとり、さいたま新都心、横浜 MM21、幕張メッセ、及び成田空港に設けた各衛星都心新駅と都心新駅を丸印で、これを結ぶ直通ルートを線で描いている。都心と衛星都市の新駅間は、約 20km、成田空港新駅間都心間は、約 50km である。平均時速 300km で運行すれば、それぞれ、4 分、10 分程度の所用時間となる。また、都心駅を中心として各衛星都心駅を周回する無限ループ状の軌道として、中間駅は設けず、各衛星都心駅間も乗り換えなしで、10 分程度で行き来できるようにする。

直通幹線は、大深度地下トンネルとし、リニアモーターなどを用いた複線の鉄道トンネルと水と電気を送るトンネルを併設する。

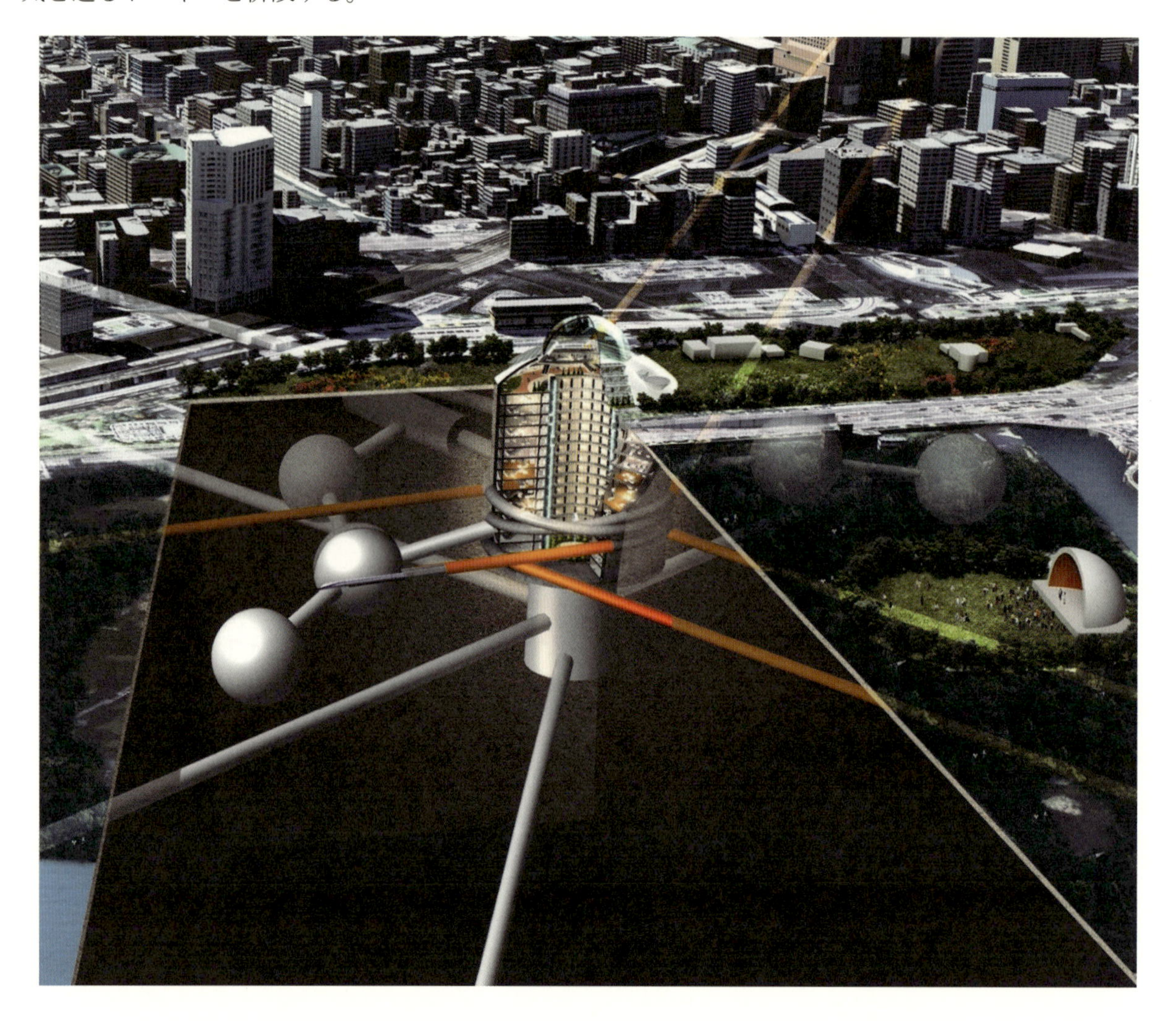

図２　主要都市の都心及び衛星都市拠点に建設する地下新駅

図２には、都心及び衛星都市拠点に建設する地下新駅のイメージを描いている。災害時には、周辺からの人々の避難場所としての機能を満たすようなスペースを設け、直通幹線への乗降、救護、救援、及び補給の拠点としての機能を有する施設と設備を配置する。発電所、海水淡水化・浄化装置、救助・

救命装備の備蓄倉庫等を併設する。通常は、衛星都市拠点との都心間の直通乗降駅として営業する。併設する商業施設等は最低限とし、駅と避難場所等の機能を主とする。

第２の提案に掲げた新たな地震等への対策により、都心での新たな商業、就業スペースの拡大は極めて抑制されるが、本提案により、直通する各衛星都市拠点に存在する商業、就業スペースの活用と拡大を無理なく図ることで、主要都市圏の均衡ある発展を実現する。

本プロジェクトは、大都市中心部への人口と機能の過度の集中を抑制し、災害時の危険を分散し、都心部の避難・救助救命、復旧機能を高めるだけでなく、各衛星都市の衰退を食い止め、発展を促し、生活者の経済負担を軽減し、職住近接、時間・空間、経済的にゆとりのある生活を実現し、主要都市圏全体の活性化を実現する。ひいては、日本の少子化を食い止め、人口減少を緩やかにし、歯止めをかけ、増加に転ずる効果を持つ。安全で快適な日本を実現する国家的プロジェクトである。

第４　防衛・救助・救命・復旧専門組織と研究開発機関の創設

人を殺す軍隊ではなく、国民を守り、被災した人を助け、命を救い、構造物を復旧することを専門とする組織を作ること、及びこれに必要な装備、技術を研究開発する機関を造ることを提案する。

【解説】日本は、世界で最も大地震、洪水等の自然災害の危険性の高い地域にあり、これまで、多くの人々の命と財産が失われている。さらに、太平洋戦争により、多数の都市が空襲で焼き払われた。広島、長崎では原爆により、沖縄では地上戦により、多くの人々が惨い死を遂げている。日本国民は、国際紛争において武力を行使することを放棄し、日本国には軍隊を持たせず、交戦権を認めないことを国是としている。国と国との戦争は、両国の国民を殺し、傷つけ、苦しめ、永年に渡り、深い悲しみと憎しみを残すだけで、何も解決しない。国民がこれに気づき、戦争に向けて動かなければ、国は戦争を継続することはできない。

自国が他国に戦争を仕掛けなくとも、他国から侵略される危険性はある。自然災害だけでなく、他国の侵略から国民を守ることは必要である。しかし、この為に他国の軍隊や国民をせん滅する武器を蓄えても、他国の武器がこれを上回れば太刀打ちできない。日本が殲滅される危険性が高まるだけである。他国の国民を殺し、他国を攻め滅ぼす兵器を持たないことは、他国に脅威を与えないことである。四方を海に囲まれた日本であれば、他国から攻撃を受ける危険性を減ずることになる。

科学技術を総合し、市民はもとより、兵士をも殺さないということを、第１の条件として、国民を守る方法を求めよう。これが、世界で最も悲惨な戦争の歴史を持つ日本国の使命である。まず、被災した人を助け、命を救い、インフラ・建物・施設、街の復旧を専門とする組織を造ろう。被災した地域での陸海空での移動・輸送手段、野営、設営、救助・救命等の専用装備を整え、訓練を行い、国内だけでなく、近隣諸国、諸外国へ派遣する体制を整えよう。

次に、人を殺さない防衛・救助・救命・復旧に必要な装備、技術を研究開発する機関を造ろう。ミサイル、戦闘機、潜水艦、戦車等の軍事兵器、及びこれを格納する軍事施設は、多種多様な機械で構成されているが、ほぼ全てがコンピュータで制御され、互いに通信している。これを無力化することができれば、人を殺さない防衛が実現する。救助の為の瓦礫や土砂の撤去は、現状では、人手、あるいは、建設機械を用いて行い、救助した人を平時の救急車等で病院に搬送しているが、人と機械の良さを生かした救助用のロボット、救命ユニットを開発しよう。各種のセンサーからの情報と過去の救助救命経験から最適な行動・処置を選択・実行する人工知能を搭載し、人が監督し、最終的には操縦・操作する各種の機械が考えられる。復旧工事についても、現状では、地元の人々とボランティアの方々の人手で片付け、清掃等が行われ、建設機械と作業員の手で復旧工事が行われている。一連の復旧作業を、人と機械、機械と機械が協力して実行する多様なロボットを開発しよう。

日本国民の英知と力を結集し、世界各地の災害、戦争で傷ついた人を助け、命を救い、構造物を復旧しよう。近隣諸国の国民と力を合わせ、最先端のコンピュータ・通信・ロボット技術を用いて、人を殺さない防衛を実現しよう。これこそが、世界各国の国民と日本の国民とのコミュニケーションを深め、互いの憎しみと悲しみを和らげ、戦争をする国の無い世界を築き、日本を含む世界各国の国民と国土を守る力になる。

海に囲まれ、豊かな森林と河川を擁し、水力、地熱等の自然エネルギーに恵まれたわが国の自然、そして、数千年に渡り、ここに生まれ、ここに育てられ、ここに移り住んだ多くの人々の経験と伝統技術を生かし、今を生きる我々が力を合わせ、コンピュータに代表される機械と機械、そして、機械と人が協力する体制と制度を築けば、必ず、人を傷ける危険性が小さく、これから、生まれ、育つ人々が安全で快適に暮らすことができる構造物、都市、国、そして世界が実現する。

第二部　収震設計指針

第１章　基本事項

１．１　目的

収震設計は、対象とする構造物、及びこれが属する都市が大地震に際して、その機能を維持することを目的とする。

【解説】現代の地球上では多くの人々が都市を中心として生活している。現代都市は、コンクリート、鉄、木材等を用いて建設された建築物、インフラ施設等の多種多様な構造物で構成されており、そこに住み、働く人々の生活、生産の場、来訪する人々へのサービスの場などとして、各種の機能を担っている。さらに、企業、自治体、国の拠点、あるいは中心としての機能を担う都市もある。都市が、大地震に遭遇した場合にその機能を失わず、維持し、回復することは、我々の生活にとって極めて重要である。収震設計は、大地震に対して、対象とする構造物及びこれが構成する都市がその機能を維持することを目的とする。

１．２　対象

本指針は、既存、新設、材質、大小を問わず、都市を構成し、生活、生産、交通、輸送等に資する構造物、及び都市内、都市間を連絡しライフラインを形成する構造物を対象とする。

【解説】都市がその機能を維持することには、都市を構成する全ての構造物が関わっている。新たに構造物を建設する設計、既存の構造物を改修する設計においても、現存する都市の機能維持能力にどのような影響を及ぼすかを評価することが必要になる。従って、収震設計は、前項の目的を達成するために、既存、新設、材質、大小を問わず、都市を構成する全ての構造物を対象とする。これには、建築物、鉄道高架橋、鉄塔などの梁、柱で構成されるもの、ダム等のマッシブなもの、さらに、ブロック塀、天井などの付帯的な物も含まれる。

１．３　基本概念

収震設計は、構造物と地震の性質、及び性能評価に関する以下の概念に基づく。

(1) 地震と構造物は、大きな時空間的なスケールの中で、不確定性、不規則性、及び非定常性を持って存在している。従って、これらに関わる性質の把握、性能評価と判断は、多数の指標、多数の事例を用いて、長期に渡り、一貫して行うことが必要である。

(2) 地震は、地盤を伝わる波動によって、構造物の各部分に運動と変形を生ずる現象である。構造物の震動が、構造物と周辺地盤に固有の限界内であれば、構造物は復元する。この性質を収震性と呼ぶ。これは、弾性、慣性、及び重力によるもので、機能維持に直結する性質であり、補強により向上させることができる。

(3) 大地震では、構造物に機能停止、破壊・倒壊が起こり得る。従って、大地震に際して構造物に破壊・倒壊が生じた場合にも、人命を守るフェイルセーフ機構を作ること、及び周辺への破局的な波及被害を防止することが必要である。

【解説】（１）地震は、数十 km の深さで、数十 km から数百 km の岩盤が破壊して生ずる現象であり、直接的な影響だけでも千 km 四方に及ぶ。大地震の再現期間は百年、数百年、数千年になると考えられている。人間のスケールを遥かに超える時間と空間の中で起こる現象である。何時起こるかも、その様相も予測できない。人為的な攻撃もほぼ予測困難である。構造物、周辺地盤についても、その形状寸法、材質等も完全に把握することは不可能である。地震により、地盤、構造物に生ずる震動は不規則性を伴う。竣工から地震発生までの間に、構造物は経年変化する。大地震に関しては、地震が構造物に及ぼす作用も、構造物の応答も、計算・予測はできない。仮に行ったとしても、実物では検証できない。従って、構造物全体を対象にした構造モデルで大地震に対する応答を計算して壁、筋交いや免震制震装置を入れることで耐震性を確保する設計を行ったとしても、現実の大地震に対して、倒壊しない、安全であるかどうかは不明である。

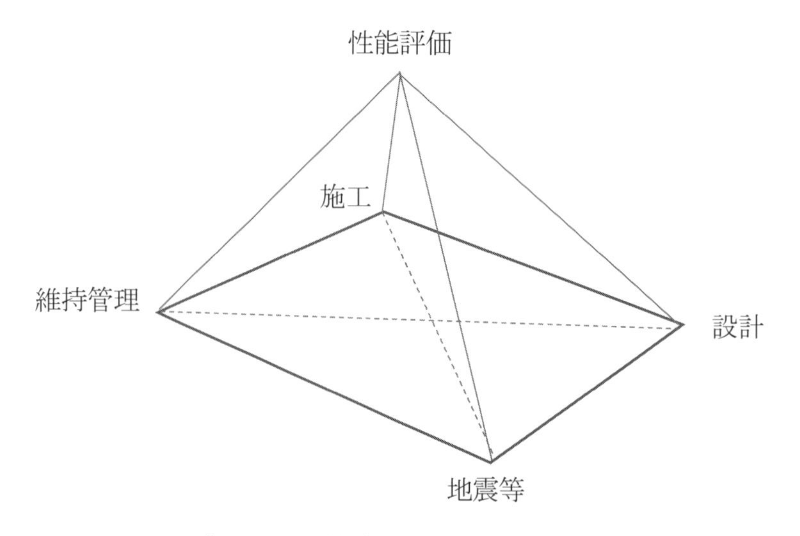

解図 1.3.1 構造物の性能評価

このように、地震と構造物は、大きな時空間的なスケールの中で、不確定性、不規則性、及び非定常性を呈する存在である。従って、構造物と地震に関する性質は、少数の指標で簡単に評価できない。多数の指標、多数の事例を用いて行うこと、及び長期に渡り、一貫して行うことが必要である。解図1.3.1 に概念的に示したように、構造物の性能評価は、対象構造物の共用期間全体に対して、設計、施工、維持管理・改修・補修、及び地震に遭遇した際において、一貫して行なわれる必要がある。これによって、既往の膨大な設計・施工事例、被害・無被害事例を分析した結果が、個別の設計に直接役立ち、設計判断を合理化し、被害を軽減する要となる。

（2）地震は、地殻の運動による破壊の衝撃が岩盤と地盤を伝搬して構造物周辺の地盤に到達し、これが構造物の各部分に運動と変形を生ずる現象である。地震の構造物への力学的な影響、則ち、地震作用は、地盤の変位により生ずる波動である。建築物等は、スラブ、梁から構成される層を重ねた構造であるが、この種の構造物では、最下層である第1層から順次上層へ伝わり、各層で反射と透過を繰り返す波動となる。

現代都市を構成する構造物は、自重を支えて地面に伝え、風などの外力、あるいは、設備、人、物の荷重によっても過大な変形や倒壊を生じないように設計、施工されている。構造物の中には、既に、長い歴史の中で上記の各種の性能が実地に確認されているものが多い。自重に関しては、常に作用しており、強風等の荷重も供用期間中に何度かは実現するので、新しいものでも、完成後、しばらく経過しているものは、ほぼ、自重を保持すること等に関する実地試験を経ていることになる。中小の地震についても、わが国では同様である。

自重を支え、機能を保持するように設計・施工された構造物は、地震による地面の変形と運動（震動）を自身の運動と変形に収め、形状と位置を保持する性質を持っている。これが、固有の限界内であれば、構造物は復元する。これを収震性と呼ぶ。実際の地面と構造物の現実の運動と変形は、防犯カメラ、ドライブレコーダー等の実写映像、体験談で知ることができる。実大震動台実験は、地面ではなく、鉄板の上に、通常はしっかりと固定された構造物に対して鉄板を動かす実験ではあるが、この条件の下での現実の運動と変形である。これらの映像を見ると、運動と変形が小さい内は、構造物に限らず、地上の物は足元の地面や床の動きを自身の変形と運動の中に収めている。これが収震である。地面の動きが極めて大きくなると、物は全体として地面に対して、傾いたり、ずれたり、ときには、跳躍する運動を生じて過大な変形を回避する。これも含めて、広義の収震という。

収震は、全ての構造物に見られる現象であり、地上の物に備わった基本的な性質と作用の現れである。収震は、元の形を保とうとする弾性と、元の運動を続けようとする慣性、そして地上の物に常に作用する重力によって起こる現象である。

損傷と破壊は、構造物のある部分が元の状態に戻れなくなることである。つまり、その部分の変形が弾性限界を超えること、言い換えれば、変形が弾性変形からずれることである。従って、いびつな変形でなく、均整の取れた変形をすれば、同じ地面の動きを受けても、損傷を受ける可能性が小さくなる。また、同じ変形でも、弾性限界に達しなければ、つまり、弾性限界の大きな材料で造られていれば、損傷は受けない。収震性は構造物の機能維持能力に直接関わる性質である。収震性は弾性と慣性が齎す性質であるので、振動計測と弾性固有値解析により、実測、計算が可能である。また、補強により、これを高めることができる。

（３）大地震は予測不可能であるので、如何に収震性を高めても、損傷が生ずる危険性は必ず残る。そこで、構造物の一部、あるいは全部に大きな変形が生じた場合でも、自重を支持できる機構を備えることが必要になる。さらに、大地震では、設計で想定しない変形、加速度が生じ、構造物が破壊し倒壊することは避けられない。構造物にも、自動車におけるシートベルト、エアバッグのように、現実に破壊・倒壊が生じた場合にも、人命を守るフェイルセーフ機構を作ることが必要である。

収震性を高め、フェイルセーフ機構を設置したとしても、構造物が機能停止に追い込まれる、あるいは、倒壊する危険性はゼロにはならない。この結果生ずる人命の危害、火災、交通途絶、群衆雪崩、経済的混乱等の波及被害で、都市機能が大きく損なわれる破局的な事態を避ける対策が必要となる。以上が、収震設計の基本概念である。

１．４　方法

収震設計においては、以下の方法を用いる。

(1) 資料調査、現地踏査、微動計測により、構造物、地震、及び地盤に関わる情報を取得し、設計者、関係者等が理解し、利用できる形のデータベースとして、設計・施工・維持管理の各段階における各種の判断の根拠とする。

(2) 高弾性材料と滑動・浮き上がりを許容する基礎形式により、収震性を向上させる補強を行う。

(3) 構造物が機能停止、倒壊等を生じた場合の直接被害、波及被害を想定し、人命を守り、破局的波及被害を避ける対策を講ずる。これには、構造物の建設計画の見直しを含む。

【解説】（１）地震と構造物に関わる性質の把握、性能評価と判断を合理的に行う為には、まず、これらを正確に認識することが必要である。解図 1.4.1 には、収震設計に用いるデータベース（収震設計 DB）における対象物及び事象の認識構造を描いている。なお、最上部に描いた構造物としては、既に存在している物だけでなく、これから建設する物も含める。深部に至る程、抽象化度が高くなり、それぞれの状況と目的に応じた意味が明確な情報が置かれる。5 層から成る階層構造である。

表層である第 1 層の情報は、対象物、事象を、語句、文章、画像、数値に直接変換したものである。これには、構造モデルの情報である質量行列 M、剛性行列 K、及び接点 l の座標値（x_l、y_l、z_l）のセット、微動計測で得られる計測点 ij の加速度時刻歴 p_{aijk}、強震観測で得られる観測点の加速度時刻歴 q_{ak}、及び、対象構造物・周辺地盤、地震、地震動に関する付帯情報、則ち、構造物の立地条件、構造・規模・諸元等の各種の設計条件、竣工年、増改築履歴等の経年情報、改修履歴等、被害・無被害実績、及び既往の収震性評価指標値、補強事例の写真、図面、調査票等がある。

実物と実現象に対する第 1 層の情報の収集と加工作業は、主に、人間が行うことになる。この内、全体構造モデル作成は、新設の場合のみ行う。市販の構造解析プログラムを用いて専門家が行うもので、構造設計の定常的業務として行われている行為に近い。ただし、耐震設計では、基礎と一階の下半分の重量と剛性は無視して、これを代表する接点は固定点とするモデルが一般的であるが、収震設計では、基礎を代表する接点に自由度と質量を付与して、固有モードを計算し、この接点を基準点として収震性を評価する（第 2 章、第 3 章参照）。現実に即した変形の計測と解析には上下左右前後の 3 方向とそれぞれの方向の回転を、それぞれ、場所と時間の関数として捉えること、即ち、4 次元、6 自由度が必要になる。部材の諸元等は弾性範囲のものでよいが、地盤の支持条件を表わす地盤バネを定義する必要がある。数値処理 1 は、固有値解析であり、r 次固有振動数 ω_r と固有モード $e^{(r)}$ が第 2 層になる。

微動計測は、市販の加速度計を用いて行うことができるが、構造物を代表する計測点（ij で識別）を多数設けて、同時に計測する必要がある。この方法については、第 2 章に記載している。計測された加速度時刻歴 p_{aijk} にフィルター処理と微積分を行って躍度、速度、変位時刻歴 $p_{\alpha ijk}$ を得る。ただし、添え字 $\alpha=a$, $\alpha=v$ 等は加速度、速度等を、$k=x$ 等は方向を表わす。

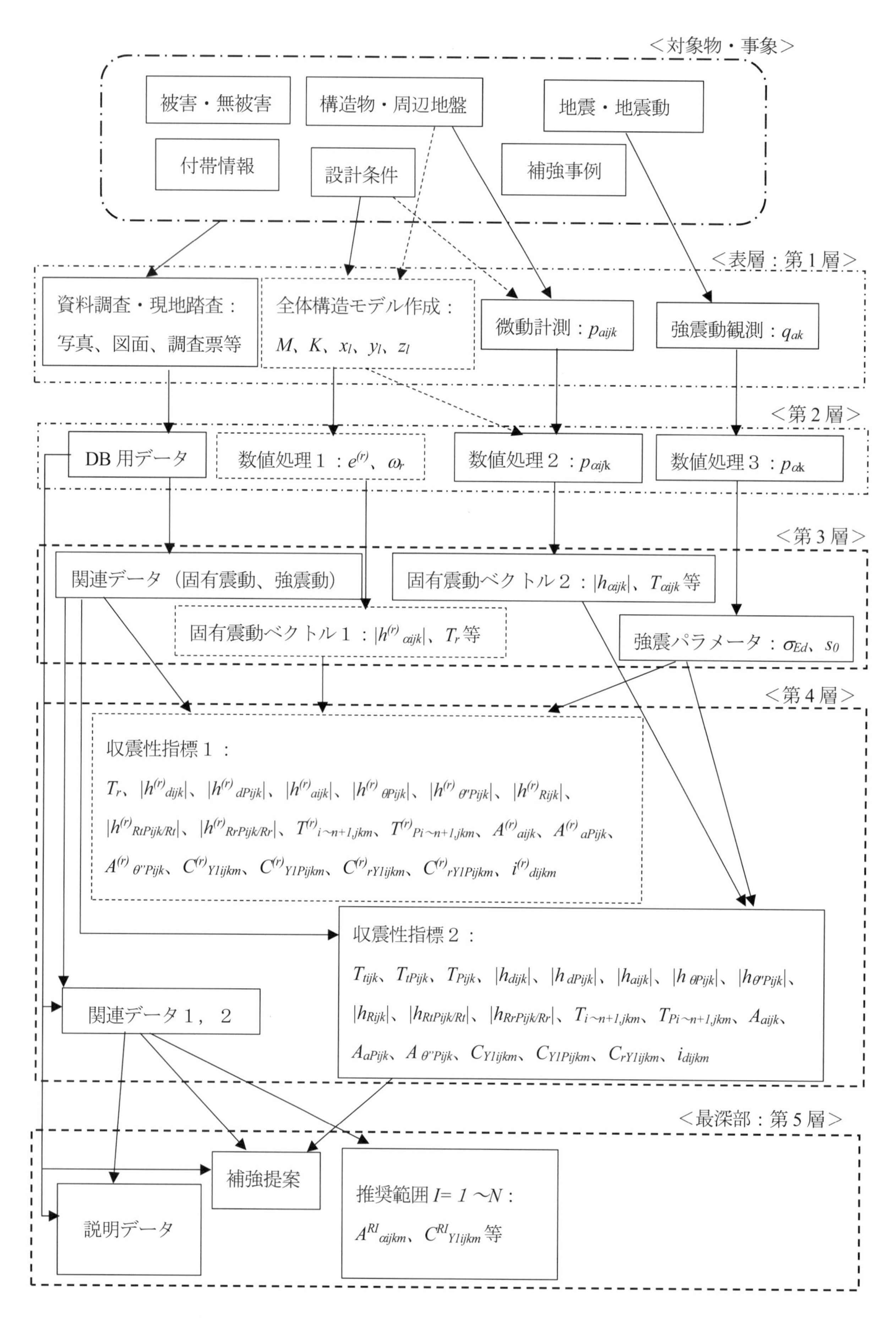

解図 1.4.1　収震設計 DB における対象物及び事象の認識構造

強震観測は、全国で各機関によって実施され、データが公表されているので、これを用いることができる。これにもフィルター処理を行って、加速度時刻歴 $p_{\alpha k}$ を得る。加速度時刻歴に対する数値処理２，及び３は、フィルター及び微積分である。調査票に対しては、データベースへ入力できる形式への整形（データクレンジング）が行われ、DB 用データとする。第 2 層以降の情報処理は、人間の指揮、監督の下でコンピュータが行う。なお、第 3 層以下の情報は、全て、収震設計データベース（収震設計 DB）専用のコンピュータ内に格納される。

時刻歴、剛性行列等は、大量の数値データ、付帯情報は文字と画像データである。これらを、総合し、抽象化して、設計者が対象構造物・地盤と地震動を理解し、各種の判断を行う根拠とできるような意味を持つ形に変換することが、第 3 層と第 4 層の情報処理作業である。この内、第 3 層の固有振動ベクトルと強震パラメータの計算は、第 4 層の各指標の入力値にもなっている。第 4 層で、これらを用いて各種の指標値が計算される。付帯情報に関する第 3 層のデータ処理は第 4 層への前処理も含まれる。第 4 層で、これを収震性指標 1 及び 2 と関連づける作業が行われる。この結果、第 3 層には、固有震動、及び強震動に関する付帯情報が、第 4 層には、収震性指標 1 及び 2 に関する付帯情報が整理されて、関連データとして格納される。微動計測と構造モデルから得られた数値の変換方法、及び意味については、第 3 章と第 4 章に掲載している。この結果、収震性指標１、及び収震性指標２として、大きさと分布にそれぞれ意味の与えられた数字のセット $A_{\alpha ijkm}$、C_{Y1ijkm}、及び $A^{(r)}{}_{\alpha ijkm}$、$C^{(r)}{}_{Y1ijkm}$ 等が多数得られる。強震動時刻歴から、強震パラメータを計算する方法及び各パラメータの意味に関しては、文献１）に掲載している。

最深部の第 5 層には、抽象度が最も高く、それぞれの状況と目的に応じた意味が明確な情報が置かれる。即ち、構造物のライフサイクルの各段階における各指標値を用いた各種の判断に関して、類似構造物の設計・施工事例、被害・無被害実績を考慮して、それぞれの評価指標値がこの範囲であれば、施工欠陥がなく、無被害になることが期待されるという推奨範囲、補強内容（補強案）とこれらを説明するデータである。

勿論、設計者等が第 4 層の情報に直接アクセスして各種の推奨範囲を見出し、補強案を作成することはできるが、この分類、抽出、分析作業に人工知能(AI)を用いることで、大量のデータを駆使して収震設計を客観化、合理化することができる。さらに、生成 AI を用いて、上記の情報を学習して、被害を受ける可能性が小さく、無被害になる可能性が大きい収震補強設計提案（補強提案）を行う作業も自動化し、設計の最適化に役立てることができる。なお、診断者に微動計測に関する情報を提供し、微動計測結果を受け取り、これを処理して収震性評価指標値を計算して、診断者に提供すること、対象構造物の各種の条件から指標値の推奨範囲を表示すること、及びこれを収震設計 DB に格納することは、インターネット経由のコンピュータシステム（微動診断システム）とすることができる。

以上の収震設計 DB、推奨範囲・補強提案人工知能(AI)、及び微動診断システムを纏めたシステムを構築し、収震設計支援システムとして、設計の各段階におけるデータの処理、分析、及び判断の根拠作成を自動化することができる。この内容に関しては、第 6 章に詳述している。

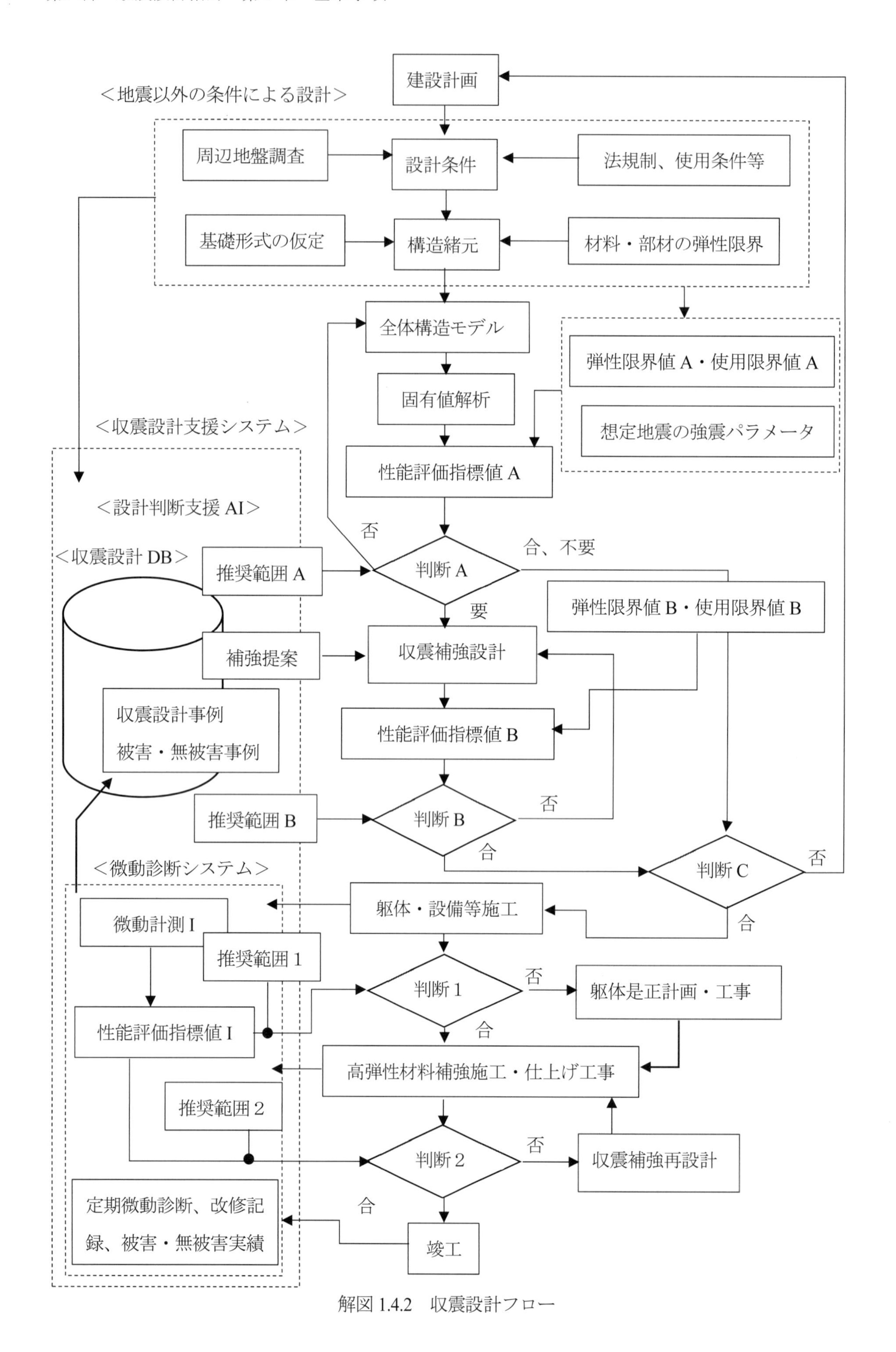

解図 1.4.2　収震設計フロー

解図 1.4.2 に収震設計のフローを掲げる。設計にあたっては、まず、建設計画、諸条件に基づいて、設計条件を決め、これに応じて構造緒元を仮定する。これを基に、必要に応じて、全体構造モデルを作成し、自重（長期荷重）を支持すること、風雨、降雪等で機能を阻害されないこと等、地震以外の条件を満足するように構造緒元を決定する。これを、地震以外の条件による設計と称する。これには、対象構造物に関する現行の設計指針・基準等とこれを内蔵した市販の設計用ソフトウエアを用いることができる。

次に、固有値解析に用いる全体構造モデルを作成する。これは、現実に近い固有振動形状を計算し、収震補強設計に繋げる為の弾性モデルである。耐震基準では軽視されている所謂雑壁等もできるだけ忠実にモデル化する。また、基礎を含む第 1 層と周辺地盤も含めたモデルである。この構造モデルの固有値解析を行い、収震性評価指標値を計算する。固有変形形状（r 次固有モード）と r 次固有周期、構造物各部分の非弾性変形の使用限界値、及び想定大地震の強震パラメータである変位の強震 RMS の平均値と強震継続時間から、前図 1.4.1 の第 1 層から第 4 層までの右肩に(r)を付した収震性指標値 1 と危険度指標値を、第 3 章と第 4 章に記載した計算式により得ることができる。これを、性能評価指標値 A と称する。

ただし、地盤上の構造物の固有振動を完全に再現する構造モデルを作成することは不可能であるので、以下の各ステップは、現実との差異を考えながら進めることになる。大地震では、基礎周辺の地盤の変形と運動は構造物よりも大きくなると考えられるので、この質量と剛性を無視することは、設計上はできない。しかし、構造モデルにこれを現実的に反映させることは困難である。結局、設計者が最善と考える実装可能な方法でモデル化し、この振動モードと微動計測で得られた現実の震動形状とを比較しながら設計を進めることになる。なお、地盤条件は基礎直下だけでなく、地下の地形、過去の土地利用等、周辺の時空間的な条件も重要である。

性能評価指標値 A により行う判断 A には２つの判断が含まれる。１つ目は、全体構造モデルの妥当性である。各指標値が、概ね、類似の構造物の固有値解析、微動診断から得られた指標値から計算された推奨範囲 A であれば、全体構造モデルは妥当（合）であると判断できる。否となった場合には、全体構造モデルを見直して固有値解析、性能評価指標値計算 A と判断 A を繰り返す。２つ目は、収震補強の必要性である。各指標値が、収震設計 DB から得られる推奨範囲 A に概ね収まっていて、かつ、いびつな部分が無ければ、補強の必要性はない（不要）と判断する。ただし、高弾性材補強を行っていない場合には、通常、性能評価指標値 A の危険度指標値、及び損傷度が推奨範囲を超え、補強の必要あり（要）と判断される。

補強が必要と判断された場合には、固有値解析による収震性評価指標値 A と危険度指標値を見ながら、収震性を向上させるように、収震補強設計を行う。固有振動形状を整える整震、弾性的変形限界を大きくする高弾性化を目指して、高弾性補強材の設置位置、仕様を決定する。所謂耐震壁、雑壁を区別せず、局所的な変形、いびつな変形を避け、ひび割れを分散し弾性変形を向上させる補強を行う。次に、周辺地盤と対象構造物の現状と大地震時の運動と変形を考慮し、大地震時には、構造物が全体として運動し、過大な変形を避け、概ね元の位置に戻るようにして、広義の収震性を確保する。これを基礎の収震設計と称する。

収震補強設計にはフェイルセーフ機構の設置が必ず含まれる。損傷は弾性変形からのずれであるので、損傷を伴う変形は、部分的な変形となる。従って、全体構造モデルで解析するのではなく、構造物を部分空間に分けて、その空間に過大な変形を与えて、倒壊、落下等の危険性を評価する方法により、フェイルセーフ機構の設置個所と仕様を決定することができる。高弾性材料で、柱を補強して、構造物のある部分が、大きな変形を生じても倒壊を防止する機構を設けることを軸耐力補強、仕上げ、設備機器等に高弾性材を設置して崩落、及び落下転倒を防止する補強を、崩落防止補強、及び落下・転倒防止補強と称する。これらの補強の性能評価指標である危険度指標値の計算においては、対象とする部分に対する地震作用は慣性力を用いて表すことができる。

以上の補強の箇所と仕様の決定は、既往の補強事例を参考にして、補強効果を加味して計算した収震性評価指標値、及び危険度指標値と、それぞれの評価指標値の推奨範囲とを比較することにより行う。この補強事例の提示、あるいは対象構造物に対する補強提案、及び推奨範囲の計算は、収震設計DBより、既往の設計・施工事例の内、設計対象構造物に類似した条件の構造物群を抽出し、その群における指標値の範囲、及び被害・無被害実績と指標値の関係を分析して行う。これにはAIを用いることができる。上記のデータの格納、事例の提示、提案を行うシステムを設計判断支援AIと称する。収震補強設計は、補強設計後の性能評価指標値Bを計算して、これが、推奨範囲Bに概ね収まることを確認すること（判断B）で完了する。補強によって、弾性限界値Bと使用限界値Bは補強前の弾性限界値Aと使用限界値Aから向上する。

判断Cは、設計対象構造物が機能停止に追い込まれる、あるいは、倒壊する事態が生じた場合の影響を評価し、これが、大きく、対策が困難な場合には、建設計画自体を見直すことの判断である。

以上の結果、収震補強設計が完了した場合には、設計図書が作成され、躯体の構築、設備等の設置までの施工が行なわれる。この時点で、初回（I=1）の微動計測と、この結果を用いた躯体の施工の良否に関する判断1を行う。微動計測から、性能評価指標値1を計算し、固有値解析によって得た性能評価指標値1を考慮して計算された推奨範囲1に概ね収まり、いびつなところが無ければ、躯体は正しく施工されている（合）と判断し、仕上げ工事に先立って高弾性材料補強工事（SRF工法）を実施する。この後に2回目の微動計測を行い、補強効果の確認を行う。微動計測結果から、性能評価指標値2を計算し、概ね推奨範囲2であることが確認されれば、収震補強効果ありと判断し、竣工とする。

以上のプロセスの内、微動計測による性能評価指標値計算と評価を微動診断と称する。躯体・設備等施工後の微動診断で躯体の施工不良等が懸念される結果が得られた場合には詳細な調査を行い、必要に応じて躯体是正設計、及び是正工事を行う。この懸念の指摘・是正設計提案にも、AIを用いることができる。また、補強による収震性の向上が不十分（否）と判断されれば、収震補強再設計を行って、追加の補強工事を実施し、再度、補強前後の微動計測と評価を繰り返す。竣工後定期的に再度、微動診断を実施し、性能評価指標値I（I＝3,4,…）を計算し、維持管理計画に反映する。

設計から維持管理における各時点での性能評価指標値 A,B,I（I＝1,2,3…）、及び改修記録、被害・無被害実績は、付帯情報とともに、収震設計 DB に格納され収震設計支援システムの貴重なデータとして収震設計に役立てられる。

（2）収震性は弾性による性質であるので、弾性限界変形の大きな材料、即ち、高弾性材料を、構造物を構成する部材、設備機器、仕上げ等の表面に設置することで、弾性的変形限界を向上させ、固有震動形状を整えることで、収震性を向上させることができる。ポリエステル繊維等を織製したベルト状、シート状の高弾性材料は、主に引張ひずみだけに復元力を発揮し、その他の変形に対しては抵抗しない性質がある。このしなやかさを利用して、対象物に対して、部分的な崩落を防止したり、シートベルトのように脱落を防止する機構を造り、フェイルセーフ機構とすることができる。例えば、仕上げ、設備機器等に高弾性材を設置して崩落、及び落下転倒を防止する補強、落下・転倒防止補強が可能である。また、高弾性材料によって柱を閉鎖型で補強することにより、収震性の向上とフェイルセーフの一石二鳥の効果がある[2)]。

地盤の変形の把握も、構造物の変形と同様に 6 自由度の時空間的扱いが必要になる。これに、地震の不規則性、不確定性を考慮すれば、地震時の地盤の動きを予測することは不可能に近い。そこで、地盤の動きが構造物に弾性的変形限界を超える変形を強制することがないように、構造物が地盤と接する部分、及び、これに繋がる部分の構造、仕様、材料を工夫し、滑動・浮き上がりを許容する基礎形式とすることで、広義の収震性を担保することが肝要である。これは、伝統木造から、東京駅などの戦前の RC 系建築物まで広く用いられていた方法であり、研究、文献も多い[3),4)]。これらの基礎形式に加えて、高弾性材料で過大な浮き上がり、移動に対して復元力を確保することができる。

（3）収震設計により、収震性を高め、フェイルセーフ機構を設置したとしても、構造物が機能停止に追い込まれる、あるいは、倒壊する危険性はゼロにはならない。この事態が生じた場合の波及被害、即ち、周囲の人命に危害が及ぶこと、及び都市機能が損なわれることに対する対策が必要となる。これには、まず、対象構造物が機能停止、倒壊等を生じた場合の直接被害事象、波及被害事象の内容、規模、及び影響範囲を想定し、個々の被害事象を防止する措置を講ずる。例えば、構造物周辺に公園等の空地を置く、避難路を確保する等が挙げられる。機能停止、倒壊の影響が大きいか、周囲の土地利用上の問題で、これらの対策が困難な場合には、建設計画自体を見直すことになる。

収震設計は、構造物、地盤、及び地震・地震動の基本的な性質に注目して、計測機器、コンピュータを用いて認識、評価し、高弾性材料を用いて、構造物の収震性を向上させ、危険性の低減を計る方法である。地震作用は架空の外力ではなく、地盤の変位による構造物の運動と変形であることを基本に、設計判断は、少数の判断指標と固定化した基準値により行うのではなく、設計の各段階において、実測と解析によって多種多様な指標値を計算し、これらが、既往の設計・施工事例の地震時の被害・無被害実績等の付帯情報から成るデータベースから得られた推奨範囲に概ね収まることを確認することにより行う。

一方、大地震は、不確定であり、ヒューマンスケールを遥かに超えるものであることを受け止め、弾性限界までの計測、性能評価指標値の計算は、4次元6自由度で、詳細に行うが、大地震で地盤・構造物の震動が、弾性限界を超えた以降の計算、予測は詳細には行わない方法である。実測と大量の実例に基づくものであっても、計算で得た数値は、設計を規定するものではなく、あくまで、設計者の経験と感性、及び過去のデータに基いた判断を助けるものであると位置づけ、現実に起こり得る破壊、倒壊には実物のフェイルセーフ機構で対処することとしている。

収震設計は、弾性を用いること、地震と構造物の不確定性と不規則性、及び大地震で機能停止、倒壊が起こり得ることを基本概念としており、その設計思想は、ほとんど計算に頼らずに、木材の弾性的な性質を生かして設計施工された伝統木造、弾性限界に大きな安全率を用い、高さを制限し、公園等を配置して建設された戦前のRC造、SRC造、鉄骨造等に近い。

本節、第3章、及び第4章に示すように、収震設計の指標値計算は、構造解析モデルの固有値計算、微動計測で得られる時刻歴データのフィルター処理、微積分、RMS計算、及びこれらと構造物の寸法、質量を用いた四則演算であり、一般的な数値処理方法である。この結果得られる性能評価指標値は、それぞれ意味を持ち、多様な観点から構造物・周辺地盤、及び地震動を評価するものである。従って、収震設計で得られた指標値を、対象構造物の設計条件、環境条件、被害・無被害実績等の付帯情報とともに大量のデータベースとし、一般的なデータ分析ツールによって、推奨範囲を見出し、判断の根拠とすることができる。さらに、人工知能技術によって、無被害化に向けて、推奨する評価指標値の範囲の提案、具体的な補強設計案の提示等、設計を支援するシステムを構築することを可能にしている。個々の構造物の設計を、次の構造物の設計の合理化に繋げるメカニズムが組み込まれているという点が、現行の耐震基準と収震設計との構造的な相違点である。

収震設計の方法は、日本の自然との人々の永年の経験に根ざし、弾性と慣性という物の運動と変形に関わる本質的な性質である収震性に注目して、力学、弾性論、連続体力学、不規則振動論、計算機械とネットワークを用いた21世紀のデータ処理、人と人、人と機械、機械と機械のコミュニケーション技術を活用するものであり、伝統木造から、超高層等までを含む各種建築物、鉄道高架橋、高速道路橋、ダム等のインフラ施設までの構造物に適用できる。人と機械が協力して、安全で快適な都市と国を造る基幹技術となる可能性がある。

【文献】

1)　五十嵐　俊一：収震、pp30～49、ISBN978-4-902105-33-9、2022.11

2)　1)と同じ、pp118~188

3)　西澤英和：耐震木造の近現代史、伝統木造住宅の合理性、学芸出版社、2018年3月、pp370～399

4)　野澤　伸一郎、藤原　寅士良：東京丸の内駅舎に使用された木杭の耐久性、土木学会論文集C（地圏工学）、vol.72,No.4,pp300～309,2016年

１．５　用語

震動：地盤の振動、及びこれに応じて生ずる物の振動

収震：地上の物が、震動を自らの変形と運動の中に収め、概ね元の状態に戻ること

収震構造物：収震性を高めた構造物

収震性評価指標：構造物の収震性を評価する指標で微動計測と固有値解析から計算される

収震設計 DB：構造物の性能評価指標値、設計条件、被害・無被害実績等の付帯情報を格納したデータベース

収震設計支援システム：収震設計を支援するシステムで、収震設計 DB、設計判断支援 AI、及び微動診断システムから構成される

設計判断支援 AI：収震設計における設計判断に用いる性能評価指標値の推奨範囲、及び補強提案を行う人工知能

固有震動：個々の構造物に固有の震動

整震：固有震動を整えること

高弾性材料：大きな変形まで弾性を維持する材料

微動診断：常時微動計測で得た固有震動に関する指標値を用いる構造診断法

微動診断システム：微動診断の数値処理、性能評価指標値の計算と表示、及び収震設計 DB への格納を行うシステム

計測点：構造物、あるいは構造モデルに設けた震動を計測する点

計測面：3 つの計測点が作る平面

中心点：計測面の中心点

計測軸：計測点、あるいは中心点を配置する鉛直軸

点計測：計測軸上の計測点の併進運動 3 成分から指標値を計算する計測

面計測：中心点の回転運動 3 成分と併進運動 3 成分から指標値を計算する計測

基準点：各計測点の時刻歴を基準化する計測点、あるいは中心点

基準面：各計測点の時刻歴を基準化する計測面

基準時刻歴：基準点、あるいは中心点における時刻歴で基準化に用いるもの

仮想計測点：基礎直下に設けた仮想の計測点

仮想中心点：基礎直下に設けた仮想の中心点

RMS：時刻歴の二乗平均値平方根

危険度指標：構造物の危険性を評価する指標で倒壊危険等がある

強震パラメータ：地震動の特性を表わすパラメータで、強震継続時間と強震 RMS を含む

強震継続時間：地震動を等価な定常ガウス過程の一部分であるとモデル化する場合の継続時間

強震 RMS：強震継続時間を用いて計算した RMS

バンド幅指数：時刻歴のバンド幅（周波数構成の幅）を表わす指数

中心振動数：時刻歴の微分時刻歴のその時刻歴に対するRMS比

伝達率：時刻歴の基準時刻歴に対するRMS比

固有震動形状ベクトル：固有震動形状を表わすベクトルで、その成分の絶対値は、各計測点、及び中心点の変位、速度、加速度、及び中心点の回転角、角速度、角加速度の各時刻歴の基準時刻歴に対するRMS比である

固有震動変位形状ベクトル：固有震動形状ベクトルの変位に関する部分。速度等についても同様に、固有震動速度形状ベクトル等と呼ぶ。

固有震動数ベクトル、固有震動周期ベクトル：固有震動の振動数、周期を表わすベクトルで、その成分は、各計測点、及び中心点の変位、速度、加速度、及び中心点の回転角、角速度、角加速度の中心振動数、中心周期である

変位固有震動数ベクトル、変位固有震動周期ベクトル：固有震動数ベクトル、固有震動周期ベクトルの変位に関する部分。速度等についても同様に、速度固有震動数ベクトル等と呼ぶ。

支配部分：計測点、あるいは計測面と同一の運動をすると考えられる構造物の部分

支持部分：同一の計測軸上で、ある計測点、あるいは計測面より上に位置する計測点、あるいは計測面の支配部分

性能評価指標：収震設計に用いる構造物の性能を評価する指標で、収震性評価指標と危険度指標から成る

層：構造物に設けられている一体として概ね水平に運動すると考えられる部分で、通常、計測点をこの上に設ける

仮想層：基礎直下に仮想する層。第0層。

層間：構造物のある層と直上の層との間の部分。階ともいう。

層間変位：層間の相対変位、各層に設けられた同一計測軸上の計測点の直上の計測点との相対変位

層間応力：層間変位に応じて作用する応力

層間応力係数：層間応力の弾性限界値を支持部分の重量で除したもの

層間回転角：層間の相対回転角、各層に設けられた同一計測軸上の中心点の直上の中心点との相対回転角

層間モーメント：層間回転角に応じて作用するモーメント

層間モーメント係数：層間モーメントの弾性限界値を支持部分の慣性モーメントの和で除したもの

層間剛性：層間変位と層間応力の比

層間震動周期：層間剛性を固有周期に換算した値

応答倍率：ある支持部分に属する各支配部分の加速度、速度、変位、角加速度、角速度、回転角のRMSの質量加重平均値に対する基準時刻歴のRMSの比

付帯情報：被害、無被害、周辺地盤の状況、構造概要等、構造物に付帯する情報で、収震設計DBに収録するもの

分布係数：応答倍率を最下層の計測点、あるいは中心点の支持部分の応答倍率で基準化したもの
ベース応力係数：ある層間変位が弾性的変形限界に達するときの同一計測軸上の第1層の層間応力係数
ベースモーメント係数：ある層間回転角が弾性的変形限界に達するときの同一計測軸上の第1層の層間モーメント係数
弾性限界値：構造物のある部分の変位、応力等の弾性限界値
弾性限界倍率：構造物のある部分に生ずる累積非弾性変位を弾性限界変位で基準化したもの
使用限界値：構造物のある部分が使用限界に達するときの弾性限界倍率
損傷度：弾性限界倍率を、使用限界値で基準化したもの
SRF工法：ポリエステル製の高弾性補強材をウレタン系の高弾性接着剤で部材表面に定着する補強工法

1．6　記号

本指針で用いる記号は下表1.6.1の通りである。収震設計に用いる物理量は、変位、速度等のベクトルである。指標値は、各計測点、あるいは中心点に関して、座標軸方向、変位、速度等の種類に関して計算されており、これらを指標値毎に纏めて、大きな列ベクトルとして記号を定義している。列ベクトルの各成分は、複数の添え字で表される。添え字αは、変位（$\alpha=d$）、速度（$\alpha=v$）、加速度（$\alpha=a$）、躍度（$\alpha=a'$）を表わす。添え字βは、回転角（$\beta=\theta$）、角速度（$\beta=\theta'$）、角加速度（$\beta=\theta''$）、角躍度（$\beta=\theta'''$）である。添え字iは層を、添え字jは軸を示す。添え字kは座標のk軸方向成分（$k=x,y,z$）を示す。面計測においては、添え字ijの前にPを置く。添え字$i=0$は、基礎直下に設けた仮想計測点、あるいは中心点を表わす。添え字には、上記の他に、その性格、由来などを示すものがある。弾性限界に関する指標値、定数には、添え字Yを付している。併進運動に関するものには、添え字tを、回転運動に関するものには、添え字rを付している。ベクトルr次固有モードから計算された値は、右肩に(r)を付して示す。

表1.6.1　収震設計に用いる主な測定値、指標値等

記号	呼称：説明
$A_{\alpha ijkm}$	第ij支持部分の変位（$\alpha=d$）、速度（$\alpha=v$）、加速度（$\alpha=a$）のk成分の分布係数、以下、添え字αは同様に加速度等を示す。
$A_{\alpha Pijkm}$	第Pij支持部分の変位、速度、加速度のk成分の分布係数

$A_{\beta Pijkm}$	第 Pij 支持部分の回転角（$\beta=\theta$）、角速度（$\beta=\theta'$）、角加速度（$\beta=\theta''$）の k 成分の分布係数、以下、添え字βは同様に回転角等を示す。
$A^{(r)}{}_{\alpha ijkm}$	r 次固有モードから計算した第 ij 支持部分の変位、速度、加速度の k 成分の分布係数
$A^{(r)}{}_{\alpha Pijkm}$	r 次固有モードから計算した第 Pij 支持部分の変位、速度、加速度の k 成分の分布係数
$A^{(r)}{}_{\beta Pijkm}$	r 次固有モードから計算した第 Pij 支持部分の回転角、角速度、角加速度の k 成分の分布係数
a_{de}	部材 e を囲む部分空間の加速度の設計値
$B_{\alpha ijkm}$	第 ij 支持部分の変位、速度、加速度の k 成分の応答倍率
$B_{\alpha Pijkm}$	第 Pij 支持部分の変位、速度、加速度の k 成分の応答倍率
$B_{\beta Pijkm}$	第 Pij 支持部分の回転角、角速度、角加速度の k 成分の応答倍率
$B^{(r)}{}_{\alpha ijkm}$	r 次固有モードから計算した第 ij 支持部分の変位、速度、加速度の k 成分の応答倍率
$B^{(r)}{}_{\alpha Pijkm}$	r 次固有モードから計算した第 Pij 支持部分の変位、速度、加速度の k 成分の応答倍率
$B^{(r)}{}_{\beta Pijkm}$	r 次固有モードから計算した第 Pij 支持部分の回転角、角速度、角加速度の k 成分の応答倍率
C_{ijkm}	第 ij 層間応力係数
C_{Pijkm}	第 Pij 層間応力係数
C_{rPijkm}	第 Pij 層間モーメント係数
C_{Y1ijkm}	第 ij 層間ベース応力係数
$C_{Y1Pijkm}$	第 Pij 層間ベース応力係数
$C_{rY1Pijkm}$	第 Pij 層間ベースモーメント係数
$C^{(r)}{}_{Y1ijkm}$	r 次固有モードから計算した第 ij 層間ベース応力係数
$C^{(r)}{}_{Y1Pijkm}$	r 次固有モードから計算した第 Pij 層間ベース応力係数
$C^{(r)}{}_{rY1Pijkm}$	r 次固有モードから計算した第 Pij 層間ベースモーメント係数
$e_{ijk}(t)$	第 ij 層間変位 k 成分の時刻歴
$e_{Pijk}(t)$	第 Pij 層間変位 k 成分の時刻歴
$e_{rPijk}(t)$	第 Pij 層間回転角 k 成分の時刻歴
$e^{(r)}{}_{dijk}$	第 ij 計測点に対応する構造モデルの接点の変位の k 成分に相当する r 次固有モードベクトルの成分
$e^{(r)}{}_{dPijk}$	第 ij 中心点の変位の k 成分に相当する r 次固有モードベクトルの成分
$e^{(r)}{}_{\theta Pijk}$	第 ij 中心点の回転角の k 成分に相当する r 次固有モードベクトルの成分
$\|h_{y/x}\|$	時刻歴 $y(t)$の基準とする時刻歴 $x(t)$ に対する RMS 比

$\lvert h_{\alpha ijk} \rvert$	固有震動形状ベクトルの第 ij 計測点の変位、速度、加速度の k 成分の絶対値
$\lvert h_{\alpha Pijk} \rvert$	固有震動形状ベクトルの第 Pij 中心点の変位、速度、加速度の k 成分の絶対値
$\lvert h_{\beta Pijk} \rvert$	固有震動形状ベクトルの第 Pij 中心点の回転角、角速度、角加速度の k 成分の絶対値
$\lvert h_{eijk} \rvert$	第 ij 層間変位 k 成分の伝達率
$\lvert h_{ePijk} \rvert$	第 Pij 層間変位 k 成分の伝達率
$\lvert h_{erPijk} \rvert$	第 Pij 層間回転角 k 成分の伝達率
$\lvert h^{(r)}{}_{eijk} \rvert$	r 次固有モードから計算した第 ij 層間変位 k 成分の伝達率
$\lvert h^{(r)}{}_{ePijk} \rvert$	r 次固有モードから計算した第 Pij 層間変位 k 成分の伝達率
$\lvert h^{(r)}{}_{erPijk} \rvert$	r 次固有モードから計算した第 Pij 層間回転角 k 成分の伝達率
$\lvert h^{(r)}{}_{\alpha ijk} \rvert$	r 次固有モードから計算した固有震動形状ベクトルの第 ij 計測点の変位、速度、加速度の k 成分の絶対値
$\lvert h^{(r)}{}_{\alpha Pijk} \rvert$	r 次固有モードから計算した固有震動形状ベクトルの第 Pij 中心点の変位、速度、加速度の k 成分の絶対値
$\lvert h^{(r)}{}_{\beta Pijk} \rvert$	r 次固有モードから計算した固有震動形状ベクトルの第 Pij 中心点の回転角、角速度、角加速度の k 成分の絶対値
$h^{(r)}{}_{Rijk}$	r 次固有モードから計算した第 ij 支配部分の k 成分の運動エネルギー変化率
$h^{(r)}{}_{RtPijk/Rt}$	r 次固有モードから計算した第 Pij 支配部分の k 成分の併進運動エネルギー変化率
$h^{(r)}{}_{RrPijk/Rr}$	r 次固有モードから計算した第 Pij 支配部分の k 成分の回転運動エネルギー変化率
h_{Rijk}	第 ij 支配部分の k 成分の運動エネルギー変化率
$h_{RtPijk/Rt}$	第 Pij 支配部分の k 成分の併進運動エネルギー変化率
$h_{RrPijk/Rr}$	第 Pij 支配部分の k 成分の回転運動エネルギー変化率
I_{fc}	部分空間 c の倒壊危険度
I_{bc}	部分空間 c の崩落危険度
I_{dc}	部分空間 c の落下危険度
I_{tc}	部分空間 c の転倒危険度
K_{ijkm}	第 ij 層間剛性の併進運動 k 成分
K_{Pijkm}	第 Pij 層間剛性の併進運動 k 成分
K_{rPijkm}	第 Pij 層間剛性の回転運動 k 成分
$K^{(r)}{}_{ijkm}$	r 次固有モードから計算した第 ij 層間剛性の併進運動 k 成分
$K^{(r)}{}_{Pijkm}$	r 次固有モードから計算した第 Pij 層間剛性の併進運動 k 成分
$K^{(r)}{}_{rPijkm}$	r 次固有モードから計算した第 Pij 層間剛性の回転運動 k 成分
N_{sp}	鉛直部材 p の地震時の作用軸力の最大値
N_{up}	鉛直部材 p の軸耐力

P_{be}	崩落荷重の最大値
Q_{be}	崩落復元力の最大値
P_{de}	落下力の最大値
P_{te}	転倒力の最大値
Q_{de}	落下復元力の最大値
Q_{te}	転倒復元力の最大値
R_{ijk}	第 ij 支配部分の併進運動 k 成分の運動エネルギー構成比
R_{tPijk}	第 Pij 支配部分の併進運動 k 成分の運動エネルギー構成比
R_{rPijk}	第 Pij 支配部分の回転運動 k 成分の運動エネルギー構成比
$R^{(r)}{}_{ijk}$	r 次固有モードから計算した第 ij 支配部分の併進運動 k 成分の運動エネルギー構成比
$R^{(r)}{}_{tPijk}$	r 次固有モードから計算した第 Pij 支配部分の併進運動 k 成分の運動エネルギー構成比
$R^{(r)}{}_{rPijk}$	r 次固有モードから計算した第 Pij 支配部分の回転運動 k 成分の運動エネルギー構成比
R_{dp}	設計せん断変形角
s_0	想定地震動により基準点あるいは基準面に生ずると推定する震動の強震継続時間
T_r	r 次固有周期
$T_{\alpha ijk}$	第 ij 計測点の変位、速度、加速度の固有震動周期ベクトルの k 成分
$T_{\alpha Pijk}$	第 Pij 中心点の変位、速度、加速度の固有震動周期ベクトルの k 成分
$T_{\beta Pijk}$	第 Pij 中心点の回転角、角速度、角加速度の固有震動周期ベクトルの k 成分
$T^{(r)}{}_{\alpha ijk}$	r 次固有モードから計算した固有震動周期ベクトルの第 ij 計測点の変位、速度、加速度の k 成分
$T^{(r)}{}_{\alpha Pijk}$	r 次固有モードから計算した固有震動周期ベクトルの第 Pij 中心点の変位、速度、加速度の k 成分
$T^{(r)}{}_{\beta Pijk}$	r 次固有モードから計算した固有震動周期ベクトルの第 Pij 中心点の回転角、角速度、角加速度の k 成分
T_{tijk}	第 ij 計測点の併進運動の k 成分の固有周期
T_{tPijk}	第 Pij 中心点の併進運動の k 成分の固有周期
T_{rPijk}	第 Pij 中心点の回転運動の k 成分の固有周期
$T^{(r)}{}_{tijk}$	r 次固有モードから計算した第 ij 計測点の併進運動の k 成分の固有周期
$T^{(r)}{}_{tPijk}$	r 次固有モードから計算した第 Pij 中心点の併進運動の k 成分の固有周期
$T^{(r)}{}_{rPijk}$	r 次固有モードから計算した第 Pij 中心点の回転運動の k 成分の固有周期
$T_{i\sim n+1,jkm}$	第 ij 層間震動周期の併進運動 k 方向成分

$T_{Pi\sim n+1,jkm}$	第 Pij 層間震動周期の併進運動 k 方向成分
$T_{rPi\sim n+1,jkm}$	第 Pij 層間震動周期の回転運動 k 方向成分
$T^{(r)}{}_{i\sim n+1,jkm}$	r 次固有モードから計算した第 ij 層間震動周期の併進運動 k 方向成分
$T^{(r)}{}_{Pi\sim n+1,jkm}$	r 次固有モードから計算した第 Pij 層間震動周期の併進運動 k 方向成分
$T^{(r)}{}_{rPi\sim n+1,jkm}$	r 次固有モードから計算した第 Pij 層間震動周期の回転運動 k 方向成分
$\alpha_{\alpha ijk}$	第 ij 計測点の変位、速度、加速度のバンド幅指数
u_{sijkm}	第 ij 層間 k 方向の累積非弾性変位
μ_{usijkm}	第 ij 層間 k 方向の弾性限界倍率
i_{dijkm}	第 ij 層間 k 方向の損傷度
μ_{csijkm}	第 ij 層間 k 方向の弾性限界倍率の使用限値
$u^{(r)}{}_{sijkm}$	r 次固有モードから計算した第 ij 層間 k 方向の累積非弾性変位
$\mu^{(r)}{}_{usijkm}$	r 次固有モードから計算した第 ij 層間 k 方向の弾性限界倍率
$i^{(r)}{}_{dijkm}$	r 次固有モードから計算した第 ij 層間 k 方向の損傷度
σ_x	時刻歴 $x(t)$の RMS（二乗平均値平方根）
σ_{d11}	基準点変位の強震 RMS の平均値
$\sigma_{\alpha ijk}$	第 ij 計測点の変位、速度、加速度の k 成分時刻歴の RMS
$\sigma_{\alpha Pijk}$	第 Pij 中心点の変位、速度、加速度の k 成分時刻歴の RMS
$\sigma_{\beta Pijk}$	第 Pij 中心点の回転角、角速度、角加速度の k 成分時刻歴の RMS
$\sigma_{E\alpha ijk}$	想定地震動により第 ij 計測点に生ずる弾性変位、速度、加速度の強震 RMS の推定値
$\sigma_{E\alpha Pijk}$	想定地震動により第 Pij 中心点に生ずる弾性変位、速度、加速度の強震 RMS の推定値
$\sigma_{E\beta Pijk}$	想定地震動により第 Pij 中心点に生ずる弾性回転角、回転角速度、回転角加速度の強震 RMS の推定値
σ_{Eeijk}	想定地震動により第 ij 層間に生ずる弾性層間変位の強震 RMS の推定値
σ_{EPeijk}	想定地震動により第 Pij 層間に生ずる弾性層間変位の強震 RMS の推定値
σ_{Ed}	想定地震動により生ずると推定する基準点、あるいは基準面変位強震 RMS の平均値
ω_{cx}	時刻歴 $x(t)$の中心振動数
ω_r	r 次固有振動数
$\omega_{\alpha ijk}$	固有震動数ベクトルの第 ij 計測点の変位、速度、加速度の k 成分
$\omega_{\alpha Pijk}$	固有震動数ベクトルの第 Pij 中心点の変位、速度、加速度の k 成分
$\omega_{\beta Pijk}$	固有震動数ベクトルの第 Pij 中心点の回転角、角速度、角加速度の k 成分

第2章　振動計測

２．１　目的

収震設計における振動計測は、構造物の収震性の数値化を目的とする。

【解説】構造物の収震性は、弾性、慣性、及び重力による性質であり、構造物の振動の中に現れるものである。収震設計における振動計測は、構造物の収震性の数値化を目的とする。

２．２　使用機材

収震設計における構造物の振動計測には以下の機材を用いる。

(a)　計測装置

(b)　データ回収・分析用ラップトップ

(c)　計算処理・データベース用コンピュータ

(d)　その他機材

【解説】収震設計における構造物の振動計測は、軽量小型の加速度計を構造物内部及び周辺に多数設置して同時に行うことを基本とする。これには、次の機材を用いることができる。

(a)計測装置は、構造物及び周辺地盤に設置し、構造物の振動を計測する装置である。3成分加速度計、アンプ、バッテリー、記憶装置、通信装置が一体型となった装置を用いると計測が容易になる。例えば、白山工業株式会社製のDATAMARK　JU410を用いることができる。これは、サーボ型加速度計（日本航空電子社製JA40GA04）を内蔵した計測装置であり、24bitのAD変換機能を備えている。

(b)データ回収・分析用ラップトップは、計測装置から加速度データを回収し、フィルター処理、指標値等の計算結果を表示するソフトウエアを搭載したパーソナルコンピュータ(PC)である。計測装置、及び計算処理等を行うコンピュータとはWi-Fiで接続するVPNを構成する。

(c)計算処理・データベース用コンピュータは、データ回収・分析用ラップトップから送信された時刻歴データから指標値を計算、分析し、返送する。また、指標値を格納し各種の分析を行うデータベース機能を有する。

(d)その他機材は、計測装置に付随する外部電源とケーブル、計測実施を明示する看板等である。

２．３　計測方法

収震設計における構造物の振動計測は、以下の方法で行う。

(1) 構造物全体を代表するように、地盤と接する部分付近から上部の境界まで、多数の計測点を設ける。構造物に概ね水平に一体として運動する部分（層）が設けられている場合には、この上に計測点を設けることを原則とする。また、層が柱等の鉛直部材で支持されている場合には、計測点をこの近傍に設ける。計測点あるいは計測面と一体となって運動をしていると考える部分を支配部分と呼ぶ。

(2) 1 つの計測点で、その周囲の運動を代表させる計測を点計測、3 つの計測点により作られる平面の中心点の運動を用いる計測を面計測と称する。点計測の計測点、あるいは面計測の中心点は、構造物の地盤に接する部分から上方に向かう鉛直軸上に配置することを原則とする。この軸を計測軸と称する。計測点、あるいは中心点の内、固有震動形状を基準化して表す点を、地盤に近く、基礎の中心に近い部分に設ける。これを基準点と称する。

(3) 計測装置は計測点の付近に設置する。計測点の総数が計測装置の台数を超える場合には、計測を複数回に分けて行うが、毎回、基準点に計測装置を設置することとする。

(4) 計測点には、計測軸毎に最下点を $i=1$ とする番号を、計測軸には、基準点を有する軸を $j=1$ とする番号を振り、自然数 ij の組で識別する。面計測においては、中心点を Pij で、中心点の運動を計算する 3 点を Aij、Bij、Cij で表す。なお、各計測軸の最下点の直下の地盤内に計測点、あるいは中心点を仮想する場合には、これを $i=0$ とする。

(5) 固有値解析においては、構造モデルの接点から、振動計測の計測点に対応する接点を選定して、固有値解析の計測点とする。

【解説】　解図 2.3.1 に計測点の配置要領を概念的に示している。構造物には、ダムなどのマッシブなもの、建築物のように梁柱とスラブ等で構成された床を持つものがある。

（1）地盤と接する部分付近から、上部の境界まで、構造物内に多数の計測点を設け、構造物全体を代表させる。構造物に、床等の概ね水平に一体として運動する部分（層）が設けられている場合には、この上に計測点を設けることを原則とする。計測装置は計測点の付近に設置する。また、層が柱等の鉛直部材で支持されている場合には、計測点をこの近傍に設ける。

計測点あるいは計測面が代表する部分、則ち、計測点あるいは計測面と一体となって運動をしていると考える部分を支配部分と呼ぶ。

（2）計測装置で得られたデータから指標値を計算する方法には、計測点で計測された加速度を周囲の運動を代表するものであるとする方法（点計測）と、3 つの計測点により作られる平面の中心点の運動を第 3 章 3.1 節に記載の方法で計算して、各平面の運動で代表する方法（面計測）の 2 つがある。点計測の計測点、あるいは面計測の中心点は、構造物の地盤に接する部分から上方に向かう鉛直軸上に配置することを原則とする。この軸を計測軸と称する。層が柱等の鉛直部材で支持されている場合には、計測軸がこの近傍に設けられる。

計測点、あるいは中心点の内、固有震動形状を基準化して表す点を、地盤に近く、基礎の中心に近い部分に設ける。これを基準点と称する。基準点を有する計測面を基準面と呼ぶ。

（3）計測装置は計測点の付近に設置する。計測点の総数が計測装置の台数を超える場合には、計測を複数回に分けて行うが、毎回、基準点に計測装置を設置することで、複数回に渡る計測を通じて、構造物全体の固有震動形状が基準化される。

（4）計測軸には、基準点を有する軸を $j=1$ とする番号を振り、計測点には、計測軸毎に最下点を $i=1$ とする番号を振る。計測点は、自然数 ij の組で識別する。面計測の中心点には英文字 P を付して、Pij を識別子とする。中心点の運動を計算する 3 つの計測点を Aij、Bij、Cij で表す。振動計測においては、計測点付近に計測装置を配置する。なお、地盤と構造物の間の剛性等を計算する為に、各計測軸の最下点の直下の地盤内に計測点、あるいは中心点を仮想する場合には、これを $i=0$ とし、第 $0,j$ 計測点、中心点と称する。

（5）固有値解析に用いる構造モデルの接点総数は、振動計測の計測点総数より大きくなる。接点の中から、振動計測の計測点に対応する接点を選定して、固有値解析結果から指標値を計算する際の計測点とする。なお、構造モデルの地盤バネの固定端は、第 $0,j$ 計測点に相当する。

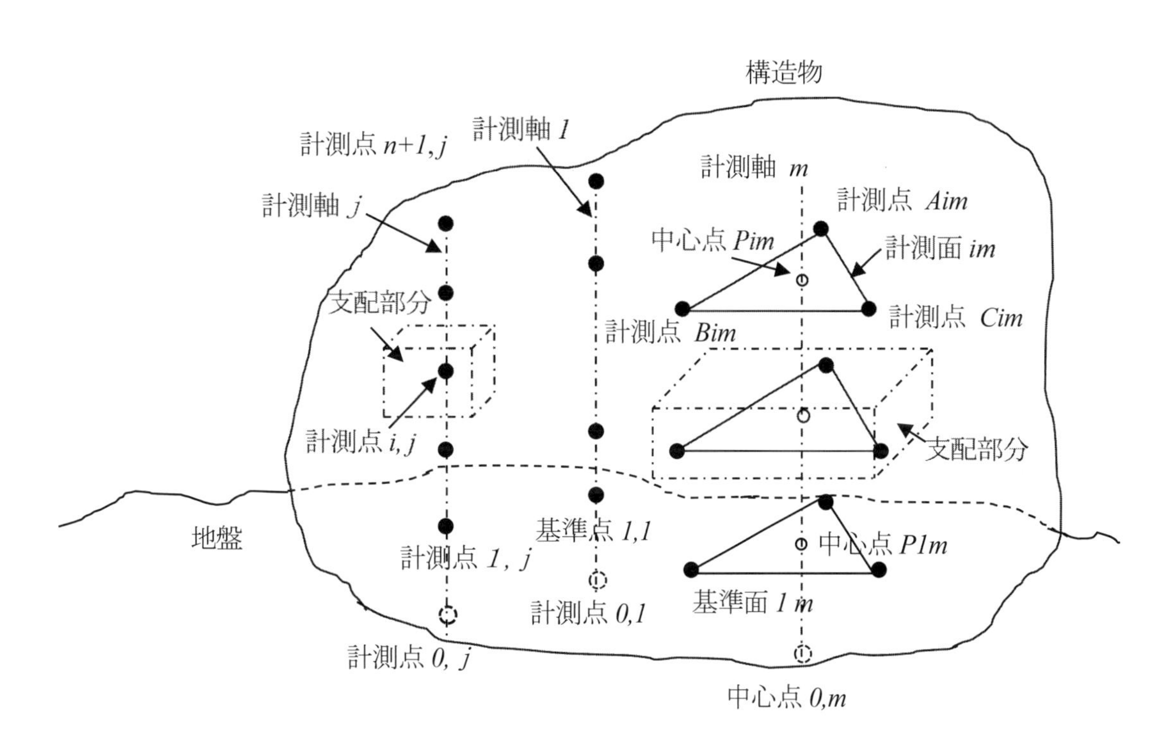

解図 2.3.1　計測軸、計測点、中心点、計測面の配置と支配部分

２．４　計算方法

収震設計においては、以下の方法で、振動計測データから指標値を計算する。

(1)　１回の計測における計測時間は、想定される固有震動周期の 50 倍〜100 倍程度の長さの 15 倍に1 分を加えた長さとする。サンプリング時間刻みは、固有震動周期の 1/20 程度以下とする。

(2) 各回の計測データは、計測点毎、各方向成分毎に、１つの加速度時刻歴とし、これを微積分して、跳度、速度、変位時刻歴を計算する。ただし、速度、変位の初期値は計測時間における時間平均値がゼロとなる値とする。

(3) 上記の加速度時刻歴及び速度等の時刻歴を 15 個程度のパートに分割し、固有震動以外の振動の含まれる割合の少ない 10 個程度のパートを選択する。

(4) 選択された各パートに関して評価指標を計算し、平均値を評価指標値とする。

【解説】　通常、対象構造物に設置する計測点の総数が、計測装置の台数を超えるので、複数回に分け、それぞれ同時計測を行う。指標値は、１回の同時計測で得た時刻歴を部分（パート）に分割し、個々の RMS（二乗平均値の平方根）を用いて計算するので、１つのパートに複数回の繰り返しがあることが必要になる。なお、非定常な部分の影響を薄めるには、多くの繰り返しがあることが望ましい。しかし、計測時間を長くすることは迅速な診断とは反する要素になる。固有震動周期が 1 秒前後の構造物を対象に、１回の計測時間は、2 分間ずつの計算単位時間（パート）が 15 個とれる長さである 30 分に 1 分を加えた 31 分を標準としている。これは、構造物の固有震動周期を 0.1 秒から 3 秒程度の範囲であるとした場合に、１つのパートに 40 回以上の繰り返しが現れ、定常ガウス過程であれば、RMS と最大値の比（ピークファクタ）が概ね 3 を超える長さである [1]。サンプリング時間刻みは、固有震動周期の 1/20 程度以下であれば、振動波形をスムーズに捉えることができる。通常は、1/200 秒としている。

計測された加速度時刻歴の微積分は、パート分割に先立って行う。k 方向成分の加速度時刻歴の積分によって得た k 方向成分の速度時刻歴

$$v_k(t) = \int_{t=0}^{t} a_k(t)dt + v_k(0) \tag{解 2.4.1}$$

の初期値 $v_k(0)$は不明であるが、常時微動は定常的な弾性震動であるので、ある程度大きな計測時間 t_0 においては平均値が概ねゼロとなる

$$\int_{t=0}^{t_0} v_k(t)dt = \int_{t=0}^{t_0}\left(\int_{t=0}^{t} a_k(t)dt + v_k(0)\right)dt = \int_{t=0}^{t_0}\left(\int_{t=0}^{t} a_k(t)dt\right)dt + v_k(0)t_0 \approx 0 \tag{解 2.4.2}$$

と考えられる。従って、

$$v_k(0) = -\frac{1}{t_0}\int_{t=0}^{t_0}\left(\int_{t=0}^{t} a_k(t)dt\right)dt \tag{解 2.4.3}$$

とする。変位に関しても同様である。

上記の加速度、速度等の時刻歴を 15 個程度のパートに分割し、非定常的な振動が卓越していると考えられるパートを除外し、10 個程度のパートを選択する。選択された各パート毎に、第 3 章と第 4 章に示した診断指標の計算を行う。各パート毎に計算された指標値の平均値を評価指標値とする。

【文献】

1) 構造品質保証研究所株式会社：2015 年版　SRF 工法設計施工指針と解説、p121〜122、2020 年 3 月

第3章　固有震動の時空間的形状に関わる指標の計算

本章は、構造物に設置した計測点の常時微動の加速度時刻歴、及びこれを微積分して得られた跳度、速度、変位時刻歴、あるいは、構造モデルの固有値解析で得られた固有モードと固有振動数から、構造物の固有震動の時空間的形状に関わる指標を計算する方法である。

3．1　計測面の運動

面計測においては、計測面が変形しないと仮定して、その中心点Pの変位$p_k(t)$、及び回転角$\theta_k(t)$を、計測面上の3つの計測点A$(x_a,y_a,0)$、B$(x_b,y_b,0)$, C$(x_c,y_c,0)$の変位時刻歴のk成分$a_k(t),b_k(t),c_k(t)$から計算する。ただし、$k=x,y,z$であり、各計測点の座標値x_a等は中心点Pを原点とし、各軸が加速度等を記述する慣性系に平行な座標系に関するものである。

（1）中心点の変位のx成分、y成分、及びz成分は、

$$p_x(t)=\frac{a_x(t)+b_x(t)+c_x(t)+\theta_z(t)(y_a+y_b+y_c)}{3} \tag{3.1.1}$$

$$p_y(t)=\frac{a_y(t)+b_y(t)+c_y(t)-\theta_z(t)(x_a+x_b+x_c)}{3} \tag{3.1.2}$$

$$p_z(t)=\frac{y_a(b_z(t)x_c-x_bc_z(t))+y_b(c_z(t)x_a-x_ca_z(t))+y_c(a_z(t)x_b-x_ab_z(t))}{y_a(x_c-x_b)+y_b(x_a-x_c)+y_c(x_b-x_a)} \tag{3.1.3}$$

として計算できる。また、中心点の回転角のx成分、y成分、及びz成分は、

$$\theta_x(t)=\frac{a_z(t)(x_c-x_b)+b_z(t)(x_a-x_c)+c_z(t)(x_b-x_a)}{y_a(x_c-x_b)+y_b(x_a-x_c)+y_c(x_b-x_a)} \tag{3.1.4}$$

$$\theta_y(t)=\frac{a_z(t)(y_c-y_b)+b_z(t)(y_a-y_c)+c_z(t)(y_b-y_a)}{y_a(x_c-x_b)+y_b(x_a-x_c)+y_c(x_b-x_a)} \tag{3.1.5}$$

$$\theta_z(t)=\frac{a_x(t)-b_x(t)}{y_b-y_a}=\frac{b_x(t)-c_x(t)}{y_c-y_b}=\frac{c_x(t)-a_x(t)}{y_a-y_c}=\frac{a_y(t)-b_y(t)}{x_a-x_b}=\frac{b_y(t)-c_y(t)}{x_b-x_c}=\frac{c_y(t)-a_y(t)}{x_c-x_a} \tag{3.1.6}$$

として計算できる。

中心点の速度$p'_k(t)$、加速度$p''_k(t)$、躍度$p'''_k(t)$、及び、回転角速度$\theta'_k(t)$、回転角加速度$\theta''_k(t)$、回転角躍度$\theta'''_k(t)$は、上式で、$a_k(t),b_k(t),c_k(t)$を、速度$a'_k(t),b'_k(t),c'_k(t)$、加速度$a''_k(t),b''_k(t),c''_k(t)$、躍度$a'''_k(t),b'''_k(t),c'''_k(t)$に置き換えて計算できる。ただし、「 ’ 」は時間微分、添え字k（$k=x,y,z$）は、k成分を表わす。

【解説】構造物の常時微動で、計測される回転角、変位ともに微小であると考えられる。解図 3.1.1 には、任意の点 A をある方向を持つ回転軸γの回りに、軸上の点 P を中心として、右ねじを進めるように微小回転角$|\theta|$回転させたときに生ずる微小変位 AA'を描いている。

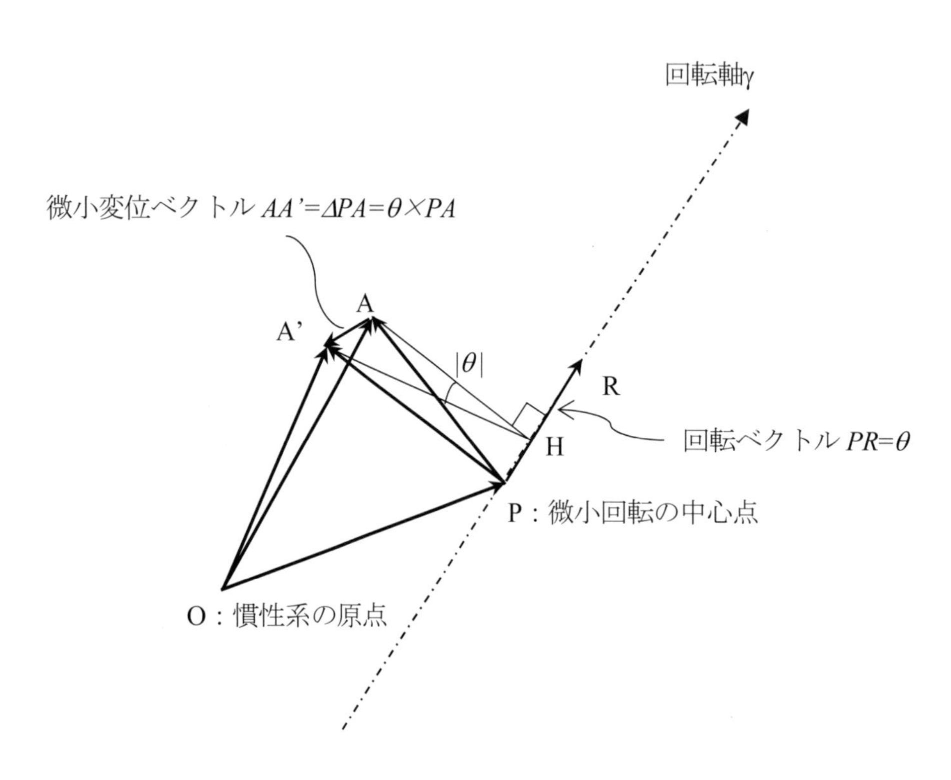

解図 3.1.1　ベクトル PA のγを回転軸とする微小回転角$|\theta|$の回転による微小変位 AA'

これは、ベクトル AA'=ΔPA と書いて、点 P から点 A に向かうベクトル PA と回転軸に並行で大きさが回転角$|\theta|$であるベクトル $PR=\theta$の外積として、

$$AA' = \Delta PA \approx \theta \times PA \tag{解 3.1.1}$$

と表すことができる。ただし、外積（ベクトル積）の定義より、ΔPA は両ベクトルに垂直で、$PR=\theta$から PA に対して、右ねじの進む方向、大きさは、点 A から、PR を通る直線（回転軸）に下した垂線 AH の足の長さとすれば、

$$|\theta \times PA| = |\theta| \cdot |AH| \tag{解 3.1.2}$$

となる。ベクトル $PR=\theta$は、自身の大きさと向きで、回転の大きさと回転軸の向きを表わすもので、回転ベクトルと呼ぶ。

解図 3.1.1 で、P を面計測の中心点であるとし、A をこの面上の計測点であると考える。また、両点の位置、及び各ベクトルを、図に表示した空間上のある定点 O を原点とする座標系、即ち、慣性系 O に関して表すこととすれば、点 A の慣性系に関する位置ベクトルは、

$$OA = OP + PA \tag{解 3.1.3}$$

と書ける。計測点 A の慣性系に関する微小変位は、位置ベクトル OA の微小変化として、

$$\Delta OA=\Delta OP+\Delta PA \tag{解 3.1.4}$$

と書くことができる。計測面は変形しない、即ち、線分 PA の長さは変化しないと仮定しているので、第 2 項の ΔPA は中心点の回転によって生ずる。これは、式(解 3.1.1)で、回転ベクトルで表される。これを、上式(解 3.1.4)に代入すれば、

$$\Delta OA=\Delta OP+\Delta PA\approx\Delta OP+\theta\times PA \tag{解 3.1.5}$$

となる。PA は、中心点 P を原点とし、各軸が加速度等を記述する慣性系に平行な座標系に関する計測点 A の位置ベクトルであると考えられる。その慣性系に関する成分、則ち、点 A の座標系 P に関する座標値を縦に並べたものを

$$PA=\begin{pmatrix} x_a \\ y_a \\ z_a \end{pmatrix} \tag{解 3.1.5a}$$

と書いて、式(解 3.1.5)に代入し、本文の記法に従って、他のベクトルも成分表示して、外積を展開すれば、

$$\begin{pmatrix} a_x(t) \\ a_y(t) \\ a_z(t) \end{pmatrix}\approx\begin{pmatrix} p_x(t) \\ p_y(t) \\ p_z(t) \end{pmatrix}+\begin{pmatrix} \theta_x(t) \\ \theta_y(t) \\ \theta_z(t) \end{pmatrix}\times\begin{pmatrix} x_a \\ y_a \\ z_a \end{pmatrix}=\begin{pmatrix} p_x(t)+\theta_y(t)z_a-\theta_z(t)y_a \\ p_y(t)+\theta_z(t)x_a-\theta_x(t)z_a \\ p_z(t)+\theta_x(t)y_a-\theta_y(t)x_a \end{pmatrix} \tag{解 3.1.6}$$

となる。これを計測点 B、C についても書いて、連立させて $p_k(t)$ と $\theta_k(t)$について解いたものが、本文式(3.1.1)～式(3.1.6)である。ただし、$z_a= z_b = z_c = 0$ としている。

ベクトルθは、慣性系の単位ベクトル $i_k(k=x,y,z)$を用いて、

$$\theta=\theta_x i_x+\theta_y i_y+\theta_z i_z \tag{解 3.1.7}$$

と表せる。これは、ベクトルθで表される回転は、上式の各項で表される回転、即ち、k 軸回りの大きさθ_kの回転の重ね合わせになることを示している。外積にも分配法則は成り立つので、

$$\theta\times PA=\left(\theta_x i_x+\theta_y i_y+\theta_z i_z\right)\times PA=\theta_x i_x\times PA+\theta_y i_y\times PA+\theta_z i_z\times PA \tag{解 3.1.8}$$

となる。以上のように微小回転は慣性系 O に関する成分に分解することが可能になる。

ベクトルθの各成分が、微小でない場合、例えば、$\theta_x=\pi/2$、$\theta_y=0$、$\theta_z=\pi/2$ として、点 P を原点として、各軸が慣性系に平行な直交座標系を考え、これに、ベクトルθで表される回転を与えた場合には、上式の各項の回転、即ち、各座標軸回りの回転を行う順番によって結果が異なる。

計測面は変形せず、各点の変位は微小であると仮定しているので、計測面上にあるベクトル PA の変化は、(解 3.1.1)以下に示した計測面の微小回転によるものだけである。そこで、式(解 3.1.5)の時間微分

$$(\Delta OA)'\approx(\Delta OP)'+(\theta)'\times PA+\theta\times(PA)' \tag{解 3.1.8a}$$

で現れる第2項の大きさは、

$$\left|\theta\times(PA)'\right|\leq|\theta|\left|\frac{\Delta PA}{\Delta t}\right|\leq\frac{|\theta||\Delta\theta||PA|}{|\Delta t|}\approx 0 \qquad \text{(解 3.1.8b)}$$

は、2次の微小量となり、ほぼゼロであると考えられる。従って、

$$(\Delta OA)'\approx(\Delta OP)'+(\theta)'\times PA \qquad \text{(解 3.1.9)}$$

となる。ただし、( )’ は時間微分、Δt は微小時間を表わす。計測点B、Cについても同様である。これらから、本文式(3.1.1)～式(3.1.6)の $a_k(t),b_k(t),c_k(t)$ を、速度 $a'_k(t),b'_k(t),c'_k(t)$ に置き換えて、回転角速度 $\theta'_k(t)$ の計算式が得られることが分かる。式(解 3.1.5)をさらに微分して回転角加速度 $\theta''_k(t)$ についても同様の算式が得られる。

３．２　計測点間のひずみ

２つの計測点A、B間のひずみは、

$$\varepsilon_{AB}(t)=\frac{l_{AB}(t)-l_{AB0}}{\bar{l}_{AB}}$$

$$\approx\sqrt{1+2\frac{(a_x(t)-b_x(t))(x_a-x_b)+(a_y(t)-b_y(t))(y_a-y_b)+(a_z(t)-b_z(t))(z_a-z_b)}{(x_a-x_b)^2+(y_a-y_b)^2+(z_a-z_b)^2}}-1 \qquad (3.2.1)$$

として計算できる。ただし、両点のつり合い位置の慣性系における座標を $A(x_a,y_a,z_a)$、$B(x_b,y_b,z_b)$ とし、k 成分（$k=x,y,z$）変位時刻歴を $a_k(t),b_k(t)$ とする。

【解説】計測面が変形しないと考えられるかどうかを調べる場合、あるいは、変形を問題にする場合には、計測面上の計測点間のひずみを計算することができる。また、大空間の屋根などの設計において、支点間のひずみ等を計算することが必要になる場合がある。

計測点 $A(x_a,y_a,z_a)$、$B(x_b,y_b,z_b)$ 間の距離は、

$$l_{AB}(t)=\sqrt{(a_x(t)+x_a-b_x(t)-x_b)^2+(a_y(t)+y_a-b_y(t)-y_b)^2+(a_z(t)+z_a-b_z(t)-z_b)^2} \qquad \text{(解 3.2.1)}$$

として、座標と変位から計算できる。ただし、微動変位は、座標値に比べてオーダーが極めて小さいので、上式で微動変位の二乗の項を無視して、

$$l_{AB}(t)\approx\sqrt{\begin{aligned}&(x_a-x_b)^2+(y_a-y_b)^2+(z_a-z_b)^2\\&+2\left((a_x(t)-b_x(t))(x_a-x_b)+(a_y(t)-b_y(t))(y_a-y_b)+(a_z(t)-b_z(t))(z_a-z_b)\right)\end{aligned}}$$

(解 3.2.2)

また、微動変位時刻歴の平均値はゼロであると仮定しているので、点 A 点 B 間の平均距離は

$$l_{AB0} = \sqrt{\left(x_a - x_b\right)^2 + \left(y_a - y_b\right)^2 + \left(z_a - z_b\right)^2} \quad \text{(解 3.2.3)}$$

と計算できる。以上より、点 A 点 B 間のひずみは、本文式(3.2.1)で計算できる。

なお、3.1 節で仮定した点 A 点 B が、変形しない概ね水平な計測面上にある場合には、$l_{AB}(t) = l_{AB0}$ であり、$z_a = z_b = 0$ であるので、式(解 3.2.2)と(解 3.2.3)を等値して、

$$\left(a_x(t) - b_x(t)\right)\left(x_a - x_b\right) = \left(a_y(t) - b_y(t)\right)\left(y_b - y_a\right) \quad \text{(解 3.2.4)}$$

となる。3.1 節本文式(3.1.6)の第 2 辺と第 5 辺は、

$$\frac{a_x(t) - b_x(t)}{y_b - y_a} = \frac{a_y(t) - b_y(t)}{x_a - x_b} \quad \text{(解 3.2.5)}$$

であるが、これは、(解 3.2.4)、即ち、線分 AB の長さが変わらないことの必要十分条件となっている。ただし、$y_a - y_b \neq 0$、$x_a - x_b \neq 0$ である。上記で、点 A 点 B を、点 B、点 C、あるいは、点 C 点 A に置き換えて、3.1 節本文式(3.1.6)は、線分 AB、BC、CA の長さが変わらないこと、即ち、平面が変形せず、計測点 A、B、C がこの平面上にあることの条件式となっていることが示される。

３．３　固有震動形状ベクトル、固有震動数ベクトル、及び固有震動周期ベクトルの成分

構造物の固有震動の時空間的な形状は、変位、速度、加速度、回転角、角速度、角加速度等に関する固有震動形状ベクトル、及び固有震動数ベクトルで表すことができる。固有震動形状ベクトルの各成分の絶対値は、計測点あるいは中心点における変位、速度等の時刻歴の RMS を、基準点変位の 3 成分の RMS の平均値で基準化したものであり、固有震動数ベクトルの各成分は、微分時刻歴の RMS を自身の RMS で基準化したものである。

固有震動形状ベクトルと固有震動数ベクトルは、それぞれ、各計測点、及び中心点の変位、速度等に関する上記の各成分を 1 列に並べた列ベクトルとして表したものである。なお、変位に関する部分を固有震動変位形状ベクトル、あるいは、変位固有震動数ベクトルと呼ぶ。速度等についても同様である。固有震動変速度形状ベクトルと固有震動変位形状ベクトルの各成分の比は、変位固有震動数ベクトルの各成分に等しい。速度等に関しても同様である。

（1）RMS、伝達率、及び中心振動数を以下のように定義する。

RMS：時刻歴 $x(t)$の継続時間 t_0における RMS（二乗平均値平方根）は、

$$RMS\left[x(t)\right] \equiv \sqrt{\frac{1}{t_0}\int_0^{t_0} x^2(t)dt} = \sigma_x \tag{3.3.1a}$$

であると定義し、記号σ_xで表す。RMS の次元は、時刻歴 $x(t)$の次元に等しい。また、第 ij 計測点の変位の k 成分時刻歴 $y_{ijk}(t)$、あるいは第 Pij 中心点の変位の k 成分時刻歴 $y_{Pijk}(t)$、及びその微分時刻歴の RMS を$\sigma_{\alpha ijk}$、則ち、

$$\sigma_{aijk} \equiv RMS\left[y_{ijk}''(t)\right]、\sigma_{vijk} \equiv RMS\left[y_{ijk}'(t)\right]、\sigma_{dijk} \equiv RMS\left[y_{ijk}(t)\right]、$$

$$\sigma_{aPijk} \equiv RMS\left[y_{Pijk}''(t)\right]、\sigma_{vPijk} \equiv RMS\left[y_{Pijk}'(t)\right]、\sigma_{dPijk} \equiv RMS\left[y_{Pijk}(t)\right] \tag{3.3.1b}$$

と表す。ただし、σ の第 1 番目の添え字 α を、変位（$\alpha=d$）、速度（$\alpha=v$）、加速度（$\alpha=a$）としている。また、第 Pij 中心点の回転角の k 成分時刻歴$\theta_{Pijk}(t)$、及びその微分時刻歴の RMS$\sigma_{\beta ijk}$については、回転角（$\beta=\theta$）、角速度（$\beta=\theta'$）、角加速度（$\beta=\theta''$）として、

$$\sigma_{\theta Pijk} \equiv RMS\left[\theta_{Pijk}(t)\right]、\sigma_{\theta' Pijk} \equiv RMS\left[\theta'_{Pijk}(t)\right]、\sigma_{\theta'' Pijk} \equiv RMS\left[\theta_{Pijk}''(t)\right] \tag{3.3.1c}$$

と表記する。ただし「'」は時間微分を表す。

伝達率：時刻歴 $y(t)$の基準とする時刻歴 $x(t)$ に対する RMS 比

$$\left|h_{y/x}\right| \equiv \frac{\sigma_y}{\sigma_x} \tag{3.3.2}$$

を y の x を基準とする伝達率と呼ぶ。なお、基準とする時刻歴が明確な場合には、添え字/x を省略し、単に、$|h_y|$ と表記する。

中心振動数：時刻歴 $y(t)$ の微分時刻歴 $y'(t)$ の RMS と自身の RMS の比

$$\omega_{cy} \equiv \frac{\sigma_{y'}}{\sigma_y} = \left| h_{y'/y} \right| \tag{3.3.3}$$

を中心振動数と呼ぶ。これは、自身を基準とする微分時刻歴の伝達率 $h_{y'/y}$ である。

（2）点計測における固有震動形状ベクトルの第 αijk 成分の絶対値は、第 ij 計測点の変位等の k 成分の伝達率

$$\left| h_{\alpha ijk} \right| = \left| h_{\alpha ijk/d11} \right| = \frac{\sigma_{\alpha ijk}}{\sigma_{d11}}\text{、即ち、}\left| h_{dijk} \right| = \frac{\sigma_{dijk}}{\sigma_{d11}}\text{、}\left| h_{vijk} \right| = \frac{\sigma_{vijk}}{\sigma_{d11}}\text{、}\left| h_{aijk} \right| = \frac{\sigma_{aijk}}{\sigma_{d11}} \tag{3.3.4}$$

である。ただし、基準とする時刻歴 $x_{d11}(t)$ は、その RMS が、基準点の変位の 3 成分の RMS の平均値

$$\sigma_{d11} \equiv \frac{1}{3}\left(\sigma_{d11x} + \sigma_{d11y} + \sigma_{d11z} \right)\text{、あるいは、}\sigma_{d11} \equiv \frac{1}{3}\left(\sigma_{dP11x} + \sigma_{dP11y} + \sigma_{dP11z} \right) \tag{3.3.4a}$$

となる時刻歴である。

面計測においては、

$$\left| h_{\alpha Pijk} \right| = \left| h_{\alpha Pijk/d11} \right| = \frac{\sigma_{\alpha Pijk}}{\sigma_{d11}}\text{、即ち、}\left| h_{dPijk} \right| = \frac{\sigma_{dPijk}}{\sigma_{d11}}\text{、}\left| h_{vPijk} \right| = \frac{\sigma_{vPijk}}{\sigma_{d11}}\text{、}\left| h_{aPijk} \right| = \frac{\sigma_{aPijk}}{\sigma_{d11}} \tag{3.3.5}$$

$$\left| h_{\beta Pijk} \right| = \left| h_{\beta Pijk/d11} \right| = \frac{\sigma_{\beta Pijk}}{\sigma_{d11}}\text{、即ち、}\left| h_{\theta Pijk} \right| = \frac{\sigma_{\theta Pijk}}{\sigma_{d11}}\text{、}\left| h_{\theta' Pijk} \right| = \frac{\sigma_{\theta' Pijk}}{\sigma_{d11}}\text{、}\left| h_{\theta'' Pijk} \right| = \frac{\sigma_{\theta'' Pijk}}{\sigma_{d11}} \tag{3.3.6}$$

である。以上で、各固有震動形状ベクトルの第 αijk 成分及び第 βijk 成分の次元は、α、及び β の次元を変位の次元［長さ］で除したものになる。即ち、変位（$\alpha=d$）では、［無次元］、速度（$\alpha=v$）では、［時間$^{-1}$］、加速度（$\alpha=a$）では、［時間$^{-2}$］、回転角（$\beta=\theta$）では、［長さ$^{-1}$］、角速度（$\beta=\theta'$）では、［長さ$^{-1}$時間$^{-1}$］、角加速度（$\beta=\theta''$）では、［長さ$^{-1}$時間$^{-2}$］となる。

固有震動数ベクトル ω の成分は、固有震動形状ベクトルの中心振動数

$$\omega_{dijk} = \frac{\sigma_{vijk}}{\sigma_{dijk}} = \frac{\left| h_{vijk} \right|}{\left| h_{dijk} \right|}\text{、}\omega_{vijk} = \frac{\sigma_{aijk}}{\sigma_{vijk}} = \frac{\left| h_{aijk} \right|}{\left| h_{vijk} \right|}\text{、}\omega_{aijk} = \frac{RMS\left[y'''_{ijk}(t) \right]}{RMS\left[y''_{ijk}(t) \right]} = \frac{\sigma_{a'ijk}}{\sigma_{aijk}} = \frac{\left| h_{a'ijk} \right|}{\left| h_{aijk} \right|}\text{、}$$

$$\omega_{dPijk} = \frac{\sigma_{vPijk}}{\sigma_{dPijk}} = \frac{\left| h_{vPijk} \right|}{\left| h_{dPijk} \right|}\text{、}\omega_{vPijk} = \frac{\sigma_{aPijk}}{\sigma_{vPijk}} = \frac{\left| h_{aPijk} \right|}{\left| h_{vPijk} \right|}\text{、}\omega_{aPijk} = \frac{RMS\left[y'''_{Piik}(t) \right]}{RMS\left[y''_{Pijk}(t) \right]} = \frac{\sigma_{a'Pijk}}{\sigma_{aPijk}} = \frac{\left| h_{a'Pijk} \right|}{\left| h_{aPijk} \right|}\text{、} \tag{3.3.7}$$

$$\omega_{\theta Pijk} = \frac{\sigma_{\theta' Pijk}}{\sigma_{\theta Pijk}} = \frac{\left| h_{\theta' Pijk} \right|}{\left| h_{\theta Pijk} \right|}\text{、}\omega_{\theta' Pijk} = \frac{\sigma_{\theta'' Pijk}}{\sigma_{\theta' Pijk}} = \frac{\left| h_{\theta'' Pijk} \right|}{\left| h_{\theta' Pijk} \right|}\text{、}\omega_{\theta'' Pijk} = \frac{RMS\left[\theta_{Pijk}'''(t) \right]}{RMS\left[\theta_{Pijk}''(t) \right]} = \frac{\sigma_{\theta''' Pijk}}{\sigma_{\theta'' Pijk}} = \frac{\left| h_{\theta''' Pijk} \right|}{\left| h_{\theta'' Pijk} \right|}$$

(3.3.8)

であり、微分時刻歴の固有震動形状ベクトルの成分との比となっている。ただし、$\alpha=a'$ は、躍度(*jerk*)、$\beta=\theta'''$は、角躍度(*angular jerk*)である。

固有震動周期ベクトルTの各成分は、固有震動数ベクトルの成分から、

$$T_{\alpha ijk}=\frac{2\pi}{\omega_{\alpha ijk}}、T_{\alpha Pijk}=\frac{2\pi}{\omega_{\alpha Pijk}}、T_{\beta Pijk}=\frac{2\pi}{\omega_{\beta Pijk}} \tag{3.3.9}$$

として計算できる。なお、性能評価においては周期表示を用いることとする。以上で、固有震動数ベクトルの次元は、［時間$^{-1}$］、固有震動周期ベクトルの次元は、［時間］である。

（3）構造モデルの固有値解析によって得られた r 次固有モードから、固有震動形状ベクトルの成分の絶対値に相当する値

$$\left|h^{(r)}{}_{dijk}\right|=\left|\frac{e_{dijk}{}^{(r)}}{e_{d11}{}^{(r)}}\right|、\left|h^{(r)}{}_{vijk}\right|=\omega_r\left|\frac{e_{dijk}{}^{(r)}}{e_{d11}{}^{(r)}}\right|、\left|h^{(r)}{}_{aijk}\right|=\omega_r{}^2\left|\frac{e_{dijk}{}^{(r)}}{e_{d11}{}^{(r)}}\right| \tag{3.3.10}$$

が計算できる。ただし、$e^{(r)}{}_{dijk}$は、第 ij 計測点に対応する構造モデルの接点の変位の k 成分に相当する r 次固有モードベクトルの成分である。また、ω_rは、r 次固有振動数である。なお、右肩の(r)は、r 次固有モードから計算されたものであることを示す。基準とする振幅は、基準点 *11*（$i=1,j=1$）、あるいは *P11* の変位の 3 成分の絶対値の平均値：

$$e_{d11}{}^{(r)}\equiv\frac{1}{3}\left(\left|e_{d11x}{}^{(r)}\right|+\left|e_{d11y}{}^{(r)}\right|+\left|e_{d11z}{}^{(r)}\right|\right)、あるいは、e_{d11}{}^{(r)}\equiv\frac{1}{3}\left(\left|e_{dP11x}{}^{(r)}\right|+\left|e_{dP11y}{}^{(r)}\right|+\left|e_{dP11z}{}^{(r)}\right|\right) \tag{3.3.10a}$$

である。

中心点 *Pij* の固有震動形状ベクトルの成分の絶対値に相当する値は、計測面に設けた 3 つの計測点 *Aij*、*Bij*、*Cij*、に対応する構造モデルの接点における r 次固有モードベクトルの成分と座標値から計算した中心点 *Pij* におけるモード形状で、

$$\left|h^{(r)}{}_{dPijk}\right|=\left|\frac{e_{dPijk}{}^{(r)}}{e_{d11}{}^{(r)}}\right|、\left|h^{(r)}{}_{vPijk}\right|=\omega_r\left|\frac{e_{dPijk}{}^{(r)}}{e_{d11}{}^{(r)}}\right|、\left|h^{(r)}{}_{aPijk}\right|=\omega_r{}^2\left|\frac{e_{dPijk}{}^{(r)}}{e_{d11}{}^{(r)}}\right| \tag{3.3.11}$$

として計算できる。ただし、

$$e_{dPijx}{}^{(r)}=\frac{e_{dAijx}{}^{(r)}+e_{dBijx}{}^{(r)}+e_{dCijx}{}^{(r)}+e_{\theta ijz}{}^{(r)}\left(y_{Aij}+y_{Bij}+y_{Cij}\right)}{3} \tag{3.3.12}$$

$$e_{dPijy}{}^{(r)}=\frac{e_{dAijy}{}^{(r)}+e_{dBijy}{}^{(r)}+e_{dCijy}{}^{(r)}-e_{\theta ijz}{}^{(r)}\left(x_{Aij}+x_{Bij}+x_{Cij}\right)}{3} \tag{3.3.13}$$

$$e_{dPijz}{}^{(r)}=\frac{y_{Aij}\left(e_{dBijxz}{}^{(r)}x_{Cij}-x_{Bij}e_{dCijxz}{}^{(r)}\right)+y_{Bij}\left(e_{dCijxz}{}^{(r)}x_{Aij}-x_c e_{dAijxz}{}^{(r)}\right)+y_{Cij}\left(e_{dAijxz}{}^{(r)}x_{Bij}-x_{Aij}e_{dBijxz}{}^{(r)}\right)}{y_{Aij}\left(x_{Cij}-x_{Bij}\right)+y_{Bij}\left(x_{Aij}-x_{Cij}\right)+y_{Cij}\left(x_{Bij}-x_{Aij}\right)} \tag{3.3.14}$$

であり、回転角等に関する成分の絶対値に相当する値は、

$$\left|h^{(r)}{}_{\theta Pijk}\right|=\left|\frac{e_{\theta Pijk}{}^{(r)}}{e_{d11}{}^{(r)}}\right|、\left|h^{(r)}{}_{\theta' Pijk}\right|=\omega_r\left|\frac{e_{\theta Pijk}{}^{(r)}}{e_{d11}{}^{(r)}}\right|、\left|h^{(r)}{}_{\theta'' Pijk}\right|=\omega_r{}^2\left|\frac{e_{\theta Pijk}{}^{(r)}}{e_{d11}{}^{(r)}}\right| \tag{3.3.15}$$

として計算できる。ただし、$k=x,y,z$ であり、

$$e_{\theta Pijx}{}^{(r)}=\frac{e_{dAijz}{}^{(r)}(x_{Cij}-x_{Bij})+e_{dBijz}{}^{(r)}(x_{Aij}-x_{Cij})+e_{dCijz}{}^{(r)}(x_{Bij}-x_{Aij})}{y_{Aij}(x_{Cij}-x_{Bij})+y_{Bij}(x_{Aij}-x_{Cij})+y_{Cij}(x_{Bij}-x_{Aij})} \quad (3.3.16)$$

$$e_{\theta Pijy}{}^{(r)}=\frac{e_{dAijz}{}^{(r)}(y_{Cij}-y_{Bij})+e_{dBijz}{}^{(r)}(y_{Aij}-y_{Cij})+e_{dCijz}{}^{(r)}(y_{Bij}-y_{Aij})}{y_{Aij}(x_{Cij}-x_{Bij})+y_{Bij}(x_{Aij}-x_{Cij})+y_{Cij}(x_{Bij}-x_{Aij})} \quad (3.3.17)$$

$$\begin{aligned} e_{\theta Pijz}{}^{(r)} &= \frac{e_{dAijx}{}^{(r)}-e_{dBijx}{}^{(r)}}{y_{Bij}-y_{Aij}}=\frac{e_{dBijx}{}^{(r)}-e_{dCijx}{}^{(r)}}{y_{Cij}-y_{Bij}}=\frac{e_{dCijx}{}^{(r)}-e_{dAijx}{}^{(r)}}{y_{Aij}-y_{Cij}} \\ &= \frac{e_{dAijy}{}^{(r)}-e_{dBijy}{}^{(r)}}{x_{Aij}-x_{Bij}}=\frac{e_{dBijy}{}^{(r)}-e_{dCijy}{}^{(r)}}{x_{Bij}-x_{Cij}}=\frac{e_{dCijy}{}^{(r)}-e_{dAijy}{}^{(r)}}{x_{Cij}-x_{Aij}} \end{aligned} \quad (3.3.18)$$

である。また、添え字 Pij、Aij、Bij、Cij,は、面計測における中心点 Pij と、これに対する 3 つの計測点 Aij、Bij、Cij に対応する構造モデルの接点であることを示す。例えば、x_{Aij}、y_{Aij}、z_{Aij}、$e_{dAijx}{}^{(r)}$は、それぞれ、計測点 Aij の x,y,z 座標値と r 次固有モードベクトルの x 成分である。

固有震動数ベクトル及び固有震動周期ベクトルの成分に相当する値は、

$$\omega^{(r)}{}_{aijk}=\omega^{(r)}{}_{vijk}=\omega^{(r)}{}_{dijk}=\omega^{(r)}{}_{aPijk}=\omega^{(r)}{}_{vPijk}=\omega^{(r)}{}_{dPijk}=\omega^{(r)}{}_{\theta Pijk}=\omega^{(r)}{}_{\theta' Pijk}=\omega^{(r)}{}_{\theta'' Pijk}=\omega_r\text{、}$$

$$T^{(r)}{}_{aijk}=T^{(r)}{}_{vijk}=T^{(r)}{}_{dijk}=T^{(r)}{}_{aPijk}=T^{(r)}{}_{vPijk}=T^{(r)}{}_{dPijk}=T^{(r)}{}_{\theta Pijk}=T^{(r)}{}_{\theta' Pijk}=T^{(r)}{}_{\theta'' Pijk}=\frac{2\pi}{\omega_r} \quad (3.3.19)$$

となる。また、ω_r は、r 次固有振動数である。なお、右肩の(r)は、r 次固有モードから計算されたものであることを示している。

【解説】解図 3.3.1 には、構造物、地盤、及びその震動に関する物理量と、これらを測定・計算して得られる収震設計に用いる指標を示している。構造物と、地盤は固体であり、地震動はこれらを伝搬する波動である。固体のある部分の加速度と作用力の合力は、運動方程式によって関係づけられており、質量の乗除でお互いが得られる。この内、応力は、一般的には、変位、速度、加速度等と構成則で関連づけられるが、弾性を仮定すれば変位と力の間の線形関係となり、剛性の乗除でお互いが得られる。ある時刻における加速度、速度、及び変位は、一般的には時刻に関する微積分演算で結び付けられるが、弾性振動では、振動数の乗除でお互いの振幅が得られる。加速度と変位は、図の四面体の頂点を右回りに回って、力を経由して、質量と剛性を用いて関係づけられるが、左回りに速度を経由して 2 つの振動数を用いて関係づけることもできる。これらを統合し、加速度と変位を直接関係づけるものが剛性と質量を用いた連立運動方程式の固有値である。速度と力は、振動数 2 と剛性を用いて、変位を経由して、あるいは、振動数 1 と質量を用いて、加速度を経由して、関係づけられるが、これらを

統合し、速度と力を直接関係づけるものが、運動エネルギーとひずみエネルギーの和である弾性振動のエネルギーである。

固体を全体として、その変形を問題とせずに解析する場合には、これを互いの位置が変わらない質点の集合、即ち、剛体として、その中心点に併進 3 成分に、回転 3 成分の計 6 自由度を与えて解析する方法が用いられている。この場合には、回転角、角速度、角加速度、及びモーメントの間に、上記と同様の関係が成立する。

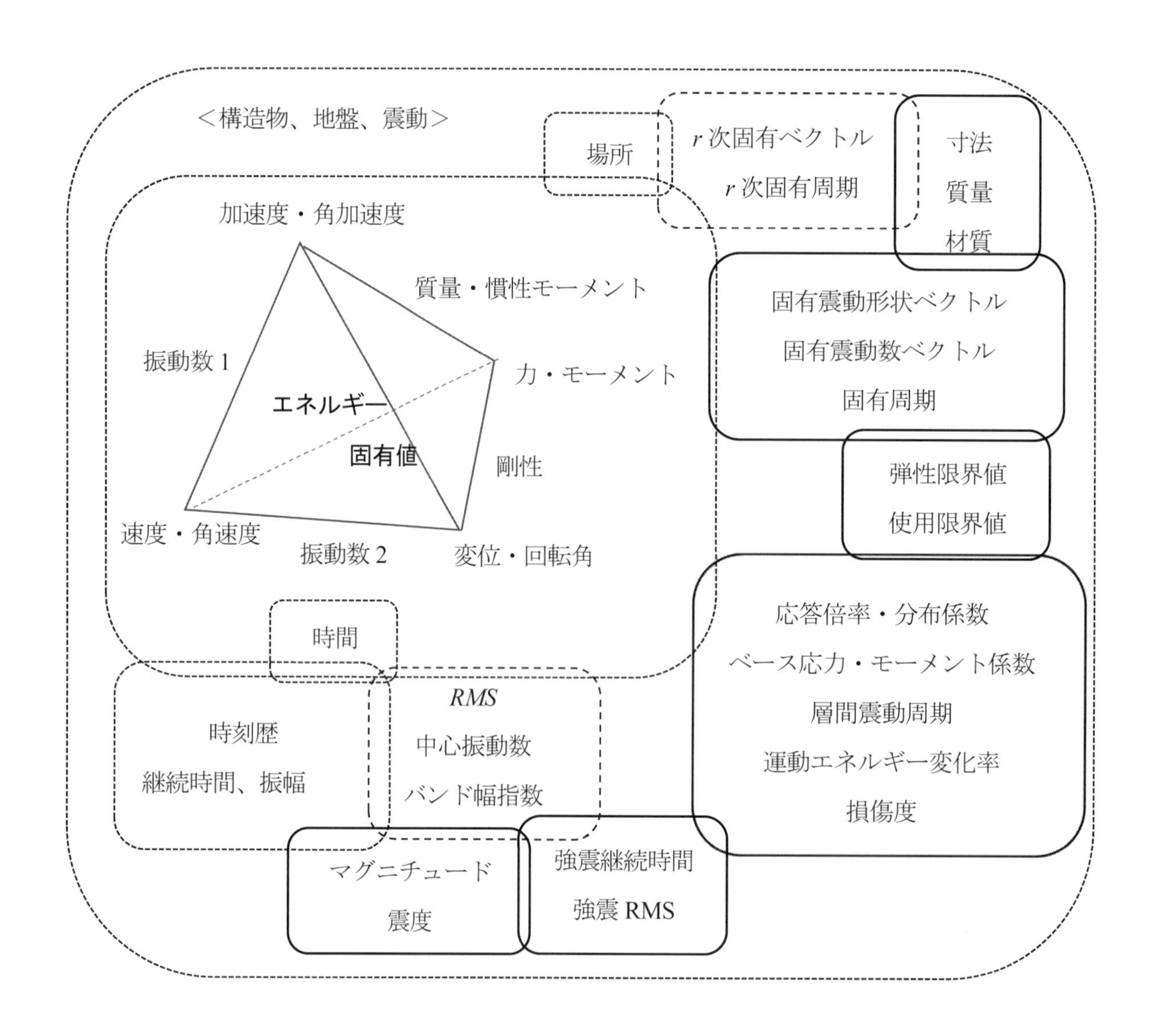

解図 3.3.1 構造物、地盤、及び震動に関する物理量と指標

固体内のある場所で、ある時間、加速度等を計測すると、空間の 3 方向それぞれについて、時刻歴が得られる。これは、時間軸に対して、加速度等の値を振幅として、継続時間に渡って、プロットしたものである。常時微動のような定常的な時刻歴の数理モデルとしては、定常ガウス過程が用いられる。地震動のような強い非定常性を示す時刻歴に関しては、等価な定常時刻歴の一部分として表す方法が開発されている。時刻歴から計算される RMS、中心振動数、バンド幅指数等は、上記のモデルに

より、時刻歴の閾値超過確率、最大値、ゼロクロス周期、周波数構成等の性質と関係づけられている。固体を有限な接点の集合であるとして、その力学的な性質を解析する方法が開発されており、運動方程式から、r 次固有ベクトルと固有振動数を計算する固有値解析を行うソフトウエアが普及している。以上については、文献１）に説明されている。

本章では、常時微動計測で得られた時刻歴とその微積分時刻歴の RMS から、固有震動形状ベクトルと固有震動周期ベクトルの各成分が計算できることを示している。さらに、構造モデルの固有値解析で得られた r 次固有ベクトルと振動数から、固有震動形状ベクトル各成分に相当するものが計算できることを示す。第 4 章には、これに、質量分布を加えて、応答倍率・分布係数、さらに、弾性限界値を加えて、ベース応力係数等を、マグニチュード、震度を背景に、強震 RMS で地震動を表して、弾性応答を計算し、これに強震継続時間を加えて、累積非弾性応答、及びこれを使用限界値で基準化した収震性を総合的に表す指標である損傷度を計算する方法が述べられ、それぞれに相当する値が、r 次固有ベクトルと振動数から計算できることが示される。計算例は、第 6 章にある。

（1）本文式(3.3.1a)の RMS（二乗平均値平方根）は、平均ゼロの定常時刻歴を継続時間 t_0 の定常ガウス過程としてモデル化した場合の唯一のパラメータの推定値である。また、本文式(3.3.2)の伝達率はこれを基準化したものであり、様々な性質が、これらにより表されている。この内の代表的な指標が本文式(3.3.3)の中心振動数であり、時刻歴 $y(t)$ のゼロクロス振動数の期待値である [2)]。伝達率は、次項に示すように、固有震動形状ベクトルの各成分の絶対値となっているので、表記に絶対値を付している。

（2）固体には弾性と慣性があり、その弾性振動は固有振動の重ね合わせで表される。常時微動の定常部分も、弾性振動であり、複数の固有振動の重ね合わせであるが、固有の割合で重ね合わさったものであり、固有の時空間的な形状と振動数を持つと考えられる。これを固有震動と呼ぶ。この各計測点における変位、速度、加速度、及び中心点における回転角、角速度、角加速度は、それぞれ、異なる形状と振動数を持つが、これらを、統合して固有震動形状ベクトルと固有震動数ベクトルと呼ぶ。この各成分の大きさは、常時微動計測で得た加速度時刻歴を微積分して得た時刻歴の RMS を本文式（3.3.4）以下に示す方法で基準化することで得られる。以上は、次のようにして導かれる。

構造物、周辺地盤に限らず、固体は、互いに力を及ぼし合う無数の質量だけを持つ点（質点）の集合であると考えて、その運動と変形を解析することができる。さらに、有限個の接点を設け、固体を有限個の部分に分ける解析法も実用化されている。

固体を質点の集合であると考えた場合の自由度は無限に大きいが、これを有限個の自由度で記述する解析手法が開発され研究から設計実務まで幅広く用いられている。具体的には、構造物の表面あるいは内部に n 個の接点を設け、各接点に併進 3 成分の 3 自由度、あるいは、これに回転 3 成分を加えた 6 自由度を与えて、これを縦にならべて、l 元の列ベクトルとしたベクトル x を定義する。例えば、構造物内に s 本の軸を設けて、各軸に複数個の接点を配置した場合で、第 s 軸に r 個の接点があり、各接点で 6 自由度を与えた場合には、

$$x=\begin{pmatrix} y_{11x}(t) \\ y_{11y}(t) \\ y_{11z}(t) \\ \theta_{11x}(t) \\ \theta_{11y}(t) \\ \theta_{11z}(t) \\ y_{21x}(t) \\ y_{21y}(t) \\ \vdots \\ y_{ijk}(t) \\ \vdots \\ \theta_{rsz}(t) \end{pmatrix} \qquad \text{(解 3.3.1)}$$

となる。ただし、本文の表記法に従って、各接点には、軸と高さ順位を表わす2つの添え字 ij と成分を表わす第3の添え字 k を付している。また、y は変位、θは回転角を表わす。さらに、解図 3.3.1 に示した各物理量に関して、接点の値で構造物内の各質点の値を補間するルールを設定することで、接点に付与した自由度に関する l 個の運動方程式を得ることができる。

構造物内の弾性応力 f が各接点変位の1次結合で表される。即ち、接点に作用する力の合力が、$l\times l$ の剛性マトリックス K を用いて、$f=Kx$ と表せると仮定すれば、接点変位に関する運動方程式は、

$$Mx''+Kx=0 \qquad \text{(解 3.3.2)}$$

となる。ただし、x''は、l 個の元を持つ変位ベクトル x の時間2階微分であり、M は、$l\times l$ の質量マトリックスである。なお、以下、特に強調するとき以外は、ベクトル、マトリックス等の接尾語を省略する。また、記号に対して、矢印、ボールド等の表記もしない。ベクトル等の成分を表わす場合には添え字を付すこととする。

運動方程式(解 3.3.2)において、ある変位 x によって生ずる弾性接点力 $f=Kx$ と、質量と変位に比例するような接点力 $g=\lambda Mx$ が、λを定数として等しくなるような変位 x が存在するとすれば、方程式

$$\left(K-\lambda M\right)x=0 \qquad \text{(解 3.3.3)}$$

が、ゼロでない根を持つ。この必要十分条件は、$det(K\text{-}\lambda M)=0$ であるが、これは l 次方程式であり、重根を含めて l 個の根を持つ。小さい方から順に並べた第 r 番目の根λ_r は、r 次固有値と呼ばれる。これを式(解 3.3.3)に代入すれば、

$$Kx^{(r)}=\lambda_r Mx^{(r)} \qquad \text{(解 3.3.4)}$$

となり、l 個の変位 $x^{(r)}$ が計算できる。$x^{(r)}$にスカラーを乗じたものも上式を満足する。そこで、$x^{(r)}$の諸元を、例えば、基準にする接点での値がある規定値になるように決めて基準化したもの $e^{(r)}$で代表させる。これらは、r 次固有振動形状（r 次モード）と呼ばれている。即ち、η_r をスカラーとして、

$$K\eta_r e^{(r)}=\lambda_r M\eta_r e^{(r)} \qquad \text{(解 3.3.5)}$$

という関係が成り立つ。これを、式(解 3.3.2)に代入して、

$$\left(\eta_r'' + \lambda_r \eta_r\right) M e^{(r)} = 0 \qquad \text{(解 3.3.6)}$$

となる。$e^{(r)}$の各成分は、M、Kの各成分から計算されているので、M、Kの各成分が時間に依存しないとすれば、時間に依存しないものであり、ゼロでないと仮定できる。従って,

$$\eta_r''(t) + \lambda_r \eta_r(t) = 0 \qquad \text{(解 3.3.7)}$$

というη_rに関する 2 階斉次常微分方程式が得られる。この一般解は、A_r、ϕ_rを積分定数として、

$$\omega_r = \sqrt{\lambda_r} \qquad \text{(解 3.3.8)}$$

とおけば、

$$\eta_r(t) = A_r \sin(\omega_r t + \phi_r) \qquad \text{(解 3.3.9)}$$

である。ただし、$\lambda_r<0$ の場合には、定常的な振動解は得られないので、$\lambda_r>0$ としている。方程式(解.3.3.2)は線形であるので、これを満足する変位ベクトルは、

$$x(t) = \sum_{r=1}^{l} x^{(r)}(t) = \sum_{r=1}^{l} \eta_r(t) e^{(r)} \qquad \text{(解 3.310)}$$

のように、上記の一般解と固有モードの積の重ね合わせで表せる。

以上のモデル化は、常時微動を生じている地盤上の構造物にも適用することができる。構造物に設けた各計測点、あるいは中心点を上記の接点と同一視し、ここにおける常時微動の各成分を縦に並べた列ベクトル$y(t)$を、上記の変位ベクトル$x(t)$の実現値の一つであると見る。さらに、常時微動は、構造物の地盤との境界にある接点が、周辺地盤の振動に応じた強制変位を受けた結果、構造物に生ずる弾性自由振動であると考えれば、式(解 3.3.9)、(解 3.3.10)を用いて、固有振動の重ね合わせで表すことができる。即ち、常時微動変位は、

$$y(t) = \sum_{r=1}^{l} e^{(r)} A_r \sin(\omega_r t + \phi_r) \qquad \text{(解 3.3.11)}$$

となる。

ここで、$y(t)$には定常部分があり、これは、概ね単一のモードの正弦振動であると仮定し、これを固有震動と呼ぶ。即ち、$\varepsilon_d(t)$を常時微動変位に含まれる非定常的な振動であり、十分長い計測時間 t_0 においては、

$$RMS\left[\varepsilon_d(t)\right] \approx 0 \qquad \text{(解 3.3.12)}$$

となると仮定して、常時微動変位は、

$$y(t) = \sum_{r=1}^{l} e^{(r)} A_r \sin(\omega_r t + \phi_r) \approx h_d A_d \sin(\omega_d t + \phi_d) + \varepsilon_d(t) \qquad \text{(解 3.3.13)}$$

と書けると仮定する。ただし、h_dは、固有震動変位の形状ベクトル、A_d、ω_d、ϕ_dは、これに対する正弦振動の振幅と振動数、及び初期位相である。ただし、

$$RMS\left[e(t)\right] \equiv \sqrt{\frac{1}{t_0}\int_0^{t_0} e^2(t)dt} \equiv \sigma_e \tag{解 3.3.14}$$

は、時刻歴 $e(t)$の t_0 継続時間に関する二乗平均値平方根（RMS）であり、σ_e のように標記する。

一般に、二つの時刻歴 $x_1(t)$ 、$x_2(t)$の RMS の平方は、

$$\begin{aligned}&\left(RMS\left[x_1(t)+x_2(t)\right]\right)^2\\&=\left(\sigma_{x1}+\sigma_{x2}\right)^2+2\sigma_{x1}\sigma_{x2}\left(\frac{1}{\sigma_{x1}\sigma_{x2}t_0}\int_0^{t_0} x_1(t)x_2(t)dt-1\right)\end{aligned} \tag{解 3.3.15}$$

と書ける。ただし、σ_{x1} 等は、$x_1(t)$ 等の RMS を意味する。また、右辺第 2 項の

$$\rho_{y1y2} \equiv \frac{1}{\sigma_{y1}\sigma_{y2}}\frac{1}{t_0}\int_0^{t_0} x_1(t)x_2(t)dt \tag{解 3.3.16}$$

は、時刻歴 $x_1(t)$ 、$x_2(t)$の相関係数関数であり、$-1 \leqq \rho_{x1x2} \leqq 1$ となる。従って、

$$\left|\sigma_{x1}-\sigma_{x2}\right| \le RMS\left[x_1(t)+x_2(t)\right] \le \sigma_{x1}+\sigma_{x2} \tag{解 3.3.17}$$

なる関係が得られる。ただし、等号は、$\rho_{x1x2}=\pm 1$ のときである。式(解 3.3.13)に、この関係を用いて、式(解 3.3.12)を参照すれば、十分長い計測時間 t_0 においては、

$$\begin{aligned}&RMS\left[y(t)\right] \le RMS\left[h_d A_d \sin(\omega_d t+\phi_d)\right]+RMS\left[\varepsilon_d(t)\right]\\&\approx RMS\left[h_d A_d \sin(\omega_d t+\phi_d)\right]=\left|h_d\right| A_d RMS\left[\sin(\omega_d t+\phi_d)\right] \equiv \left|h_d\right| A_d \sigma_s\end{aligned} \tag{解 3.3.18}$$

となる。ただし、$A_d>0$ とした。なお、

$$\sigma_s \equiv RMS\left[\sin(\omega_d t+\phi_d)\right] \approx 1/\sqrt{2} \tag{解 3.3.18a}$$

は、十分長い継続時間においては、振動数ω_d 及び初期位相ϕ_dに関わらずにほぼ $1/\sqrt{2}$ に等しくなる。

また、常時微動速度 $y'(t)$についても、式(解 3.3.13)を微分して、変位と同様に概ね単一のモードの正弦振動で表せると仮定して、

$$\begin{aligned}&y'(t)=\sum_{r=1}^{l} e^{(r)} A_r \omega_r \cos(\omega_r t+\phi_r)\\&\approx h_d A_d \omega_d \cos(\omega_d t)+\varepsilon'_d(t) \approx h_v A_d \sin(\omega_v t)+\varepsilon_v(t)\end{aligned} \tag{解 3.3.19}$$

という関係が得られるが、これに式(解 3.3.17)の関係を用いて、$RMS[\varepsilon_v(t)]\fallingdotseq 0$ として、固有震動速度に関して、

$$RMS\left[y'(t)\right] \approx \left|h_d\right| A_d \omega_d \sigma_s \approx \left|h_v\right| A_d \sigma_s \tag{解 3.3.20}$$

となる。また、加速度についても、(解 3.3.19)を微分して、変位、速度と同様に仮定し、

$$\begin{aligned}&y''(t)=\sum_{r=1}^{l} -\omega^2{}_r e^{(r)} A_r \sin(\omega_r t+\phi_r)\\&\approx h_v A_d \omega_v \cos(\omega_v t+\phi_v)+\varepsilon'_v(t) \approx h_a A_d \sin(\omega_a t+\phi_a)+\varepsilon_a(t)\end{aligned} \tag{解 3.3.21}$$

という関係が得られるが、これに式(解 3.3.17)の関係を用いて、

$$RMS\left[y''(t)\right] \approx \left|h_v\right| A_d \omega_v \sigma_s \approx \left|h_a\right| A_d \sigma_s \tag{解 3.3.22}$$

となる。

本文で定義した固有震動形状ベクトル h は、上記の各固有震動形状ベクトル h_a、h_v、h_d、及びこれに回転角等を加えたものを、1 つの列ベクトルにして、基準化したものである。以下では、その成分を、本文の記法に従って、変位等、あるいは回転角等を表わすα、あるいは、β、面計測の中心点、計測点を表わす英字 P、A、B、C、計測点、あるいは中心点の上下配置を表わす $i=1,\cdots$と、軸を表わす $j=1,\cdots$と k 軸成分（$k=x,y,z$）を表わす 4 つ、あるいは 5 つの添え字αijk、$\alpha Pijk$ あるいは、$\beta Pijk$ を付して、$h_{\alpha ijk}$、$h_{\beta Pijk}$ のように表すこととする。

今、基準とする時刻歴を基準点 $i=1$、$j=1$ の変位$\alpha=d$ とし、その RMS が、

$$RMS\left[y_{d11}(t)\right] \equiv \sigma_{d11} = \frac{1}{3}\left(RMS\left[y_{11x}(t)\right] + RMS\left[y_{11y}(t)\right] + RMS\left[y_{11z}(t)\right]\right) \tag{解 3.3.23}$$

であるとする。上式(解 3.3.23)と式(解 3.3.18)を成分表示したものより、

$$\begin{aligned}\sigma_{d11} &= \frac{1}{3}\left(RMS\left[y_{11x}(t)\right] + RMS\left[y_{11y}(t)\right] + RMS\left[y_{11z}(t)\right]\right) \\ &\approx \frac{1}{3}\left(h_{d11x} A_d \sigma_s + h_{d11y} A_d \sigma_s + h_{d11z} A_d \sigma_s\right) = \frac{1}{3} A_d \sigma_s \left(h_{d11x} + h_{d11y} + h_{d11z}\right) = A_d \sigma_s\end{aligned} \tag{解 3.3.23b}$$

となる。ただし、最後の等号は、

$$\begin{aligned}\frac{1}{3}\left(h_{d11x} + h_{d11y} + h_{d11z}\right) &= \frac{1}{3}\left(\frac{RMS\left[y_{d11x}(t)\right]}{\sigma_{d11}} + R\frac{MS\left[y_{d11y}(t)\right]}{\sigma_{d11}} + \frac{RMS\left[y_{d11z}(t)\right]}{\sigma_{d11}}\right) \\ &= \frac{1}{3\sigma_{d11}}\left(RMS\left[y_{d11x}(t)\right] + RMS\left[y_{d11y}(t)\right] + RMS\left[y_{d11z}(t)\right]\right) = 1\end{aligned} \tag{解 3.3.23c}$$

による。中心点を基準点とする場合も同様である。この関係と式(解 3.3.18)を成分表示したものより、

$$\frac{RMS\left[y_{ijk}(t)\right]}{\sigma_{d11}} \approx \frac{\left|h_{dijk}\right| A_d \sigma_s}{A_d \sigma_s} = \left|h_{dijk}\right| \tag{解 3.3.24}$$

となり、本文式(3.3.4)第 2 式が得られる。第 3 式は、式(解 3.3.20)を成分表示したものより、

$$\frac{RMS\left[y_{ijk}'(t)\right]}{\sigma_{d11}} \approx \frac{\left|h_{vijk}\right| A_d \sigma_s}{A_d \sigma_s} = \left|h_{vijk}\right| \tag{解 3.3.24b}$$

となり、第 4 式は、式(解 3.3.22)を成分表示したものより、

$$\frac{RMS\left[y_{ijk}''(t)\right]}{\sigma_{d11}} \approx \frac{\left|h_{aijk}\right| A_d \sigma_s}{A_d \sigma_s} = \left|h_{aijk}\right| \tag{解 3.3.24c}$$

となる。中心点を基準点とする場合についても同様である。

3.1 節式(3.1.4)～(3.1.6)で定義した回転角、及びその微分時刻歴である回転角速度、回転角加速度についても、上記の基準点の変位 3 成分の RMS の平均値を基準として、本文式(3.3.6)の固有震動形状ベクトルが定義できる。ただし、これらは、長さの逆数の次元を持つことに留意する必要がある。

一方、式(解 3.3.18)、式(解 3.3.20) を成分表示したものより、第 ij 接点の k 成分の速度と変位の RMS 比

$$\frac{RMS\left[y'_{ijk}(t)\right]}{RMS\left[y_{ijk}(t)\right]} \approx \frac{h_{dijk}A_{dijk}\omega_{dijk}\sigma_s}{h_{dijk}A_{dijk}\sigma_s} = \omega_{dijk} \qquad \text{(解 3.3.25)}$$

は、概ね第 ij 接点の固有震動変位の k 軸成分の振動数（以下では、固有変位震動数と呼ぶ）ベクトルの ijk 成分 ω_{dijk} となり、本文式(3.3.7)第 1 式の関係が得られる。同様に、式(解 3.3.20) 、(解 3.3.22)を成分表示したものより、速度固有震動数に関して、

$$\frac{RMS\left[y''_{ijk}(t)\right]}{RMS\left[y'_{ijk}(t)\right]} \approx \frac{h_{vijk}A_{dijk}\omega_{vijk}\sigma_s}{h_{vijk}A_{dijk}\sigma_s} = \omega_{vijk} \qquad \text{(解 3.3.26)}$$

となる、また、式(解 3.3.21)を微分した関係式と式(解 3.3.22)から、加速度に関する関係が得られる。ただし、$y'''(t)$は加速度の時間微分であり、跳度（*jerk*）と呼ばれる量である。本文式(3.3.7) 第 3 式以下の回転角等の関する震動数ベクトルの各成分の計算も同様である。これらも、微分階数に応じた時間の逆数の次元を持つことに留意する必要がある。なお、本文式((3.3.7)第 1 式は、

$$\omega_{dijk} = \frac{\sigma_{vijk}}{\sigma_{dijk}} = \frac{\sigma_{vijk}/\sigma_{d11}}{\sigma_{dijk}/\sigma_{d11}} = \frac{\left|h_{vijk}\right|}{\left|h_{dijk}\right|} \qquad \text{(解 3.3.26a)}$$

となり、固有震動数ベクトルの変位の各成分は、同一計測点における固有震動速度形状ベクトルと固有震動変位形状ベクトルの成分の比になっている。加速度等に関しても同様である。

式(解 3.3.4)～(解 3.3.6)で求めた単一の r 次固有振動モード形状ベクトル $e^{(r)}$に関する振幅η_rにおいては、これを微分した加速度、速度の振動数は、全てω_rに等しく、空間的な形状は、全て $e^{(r)}$であり、皆等しい。常時微動、及びその定常部分である固有震動は、式(解 3.3.13)等に示すように、複数の固有振動の重ね合わせになるので、これらは等しくはならない。しかし、上記のようにして、同一接点の加速度、速度、変位間の RMS 比、あるいは基準点との間の RMS 比として、固有震動の空間的な形状を表す加速度、速度、変位の形状ベクトル、及び時間的形状を表す震動数ベクトルの各成分が定義できる。これらは、常時微動の定常部分である固有震動の形状と振動数、即ち、時空間的形状を立体的に定量化する指標であり、変位、速度、加速度等を統合して、1 つの形状ベクトル $h_{\alpha ijk}$ と震動数ベクトル $\omega_{\alpha ijk}$ で表すことができる。

式(解 3.3.17)の関係から、

$$\left|RMS\left[x_1(t)\right] - RMS\left[x_2(t)\right]\right| \le RMS\left[x_1(t)+x_2(t)\right] \le RMS\left[x_1(t)\right] + RMS\left[x_2(t)\right] \qquad \text{(解 3.3.27)}$$

であり、aを定数として、

$$RMS\left[ax_1(t)\right]=aRMS\left[x_1(t)\right] \quad \text{(解 3.3.28)}$$

であるので、相対変位、相対加速度などのある点の変位等から線形演算で計算された時刻歴に関する伝達率の上限値、あるいは下限値は、上記の関係を用いて、固有震動形状ベクトルと震動数ベクトルの各成分から計算できるので、ほぼ一定値となると考えられる。

本文式(3.3.3)で定義される時刻歴$y(t)$の中心振動数は、時刻歴$y(t)$が定常ガウス過程であるとすれば、ゼロクロス振動数の期待値である [2)]。固有震動形状ベクトルと震動数ベクトルの定義において、常時微動変位$y(t)$には定常部分があり、これは、概ね単一のモードの正弦振動で表せると仮定したが、この表すという意味は、同じゼロクロス振動数を持つという意味であるということになる。本文式 (3.3.9) の固有震動周期ベクトルは、固有震動数ベクトルを周期に換算したものである。性能評価においては、この周期表示を用いることとする。

（3）構造モデルのr次固有モードベクトルとr次固有振動数から、固有震動形状ベクトルが次のようにして計算できる。

式(解 3.3.10)から、構造モデルが、r次固有振動を生じているとすれば、変位ベクトルと RMS は、

$$x^{(r)}(t)=\eta_r(t)e_d^{(r)}、\ RMS\left[x^{(r)}(t)\right]=RMS\left[\eta_r(t)\right]\left|e_d^{(r)}\right| \quad \text{(解 3.3.29)}$$

と書ける。これを時間で微分して、速度ベクトルと RMS は、

$$x^{(r)\prime}(t)=\eta_r(t)'e_d^{(r)}、\ RMS\left[x^{(r)}(t)'\right]=RMS\left[\eta_r(t)'\right]\left|e_d^{(r)}\right|=\omega_r RMS\left[\eta_r(t)\right]\left|e_d^{(r)}\right| \quad \text{(解 3.3.30)}$$

また、加速度ベクトルと RMS は、

$$x^{(r)\prime\prime}(t)=\eta_r(t)''e_d^{(r)}、\ RMS\left[x^{(r)}(t)''\right]=RMS\left[\eta_r(t)''\right]\left|e_d^{(r)}\right|=\omega_r^{\,2} RMS\left[\eta_r(t)\right]\left|e_d^{(r)}\right| \quad \text{(解 3.3.31)}$$

となる。以上の関係を成分表示して、本文式(3.3.4)以下に代入して、本文式（3.3.10）が得られる。例えば、式(解 3.3.29)と(解 3.3.31)より、

$$h^{(r)}{}_{aijk}=\frac{RMS\left[x_{ijk}{}^{(r)\prime\prime}(t)\right]}{RMS\left[x_{11}{}^{(r)}(t)\right]}=\frac{\omega_r^{\,2}RMS\left[\eta_r(t)\right]\left|e_{dijk}{}^{(r)}\right|}{RMS\left[\eta_r(t)\right]\frac{1}{3}\left(\left|e_{d11x}{}^{(r)}\right|+\left|e_{d11y}{}^{(r)}\right|+\left|e_{d11z}{}^{(r)}\right|\right)}=\frac{\omega_r^{\,2}\left|e_{dijk}{}^{(r)}\right|}{\left|e_{d11}{}^{(r)}\right|}$$

(解 3.3.32)

となり、本文式(3.3.10)第 3 式が得られる。

面計測における中心点の変位と回転角等の時刻歴は、3.1 節の算式により、計測面に設けた 3 点の併進 3 成分の時刻歴と座標値から計算される。従って、中心点の固有震動形状ベクトルも、この 3 点に対応する構造モデルの接点のr次固有モードベクトルを用いて計算できる。

例えば、固有震動形状ベクトルの中心点 *Pij* の変位の x 成分の時刻歴の RMS は、3.1 節本文式(3.1.1)の各時刻歴を、(解 3.3.29)の形で書いて、RMS を取って、

$$
\begin{aligned}
RMS\left[x_{Pijx}(t)\right] &= RMS\left[\frac{x_{Aijx}(t)+x_{Bijx}(t)+x_{Cijx}(t)+\theta_{Pijz}(t)(y_{Aij}+y_{Bij}+y_{Cij})}{3}\right] \\
&= \frac{RMS[\eta_r(t)]\left(e_{dAijx}{}^{(r)}+e_{dBijx}{}^{(r)}+e_{dCijx}{}^{(r)}+e_{\theta ijz}{}^{(r)}(y_{Aij}+y_{Bij}+y_{Cij})\right)}{3} \\
&= RMS[\eta_r(t)]\left|e_{dPijx}{}^{(r)}\right|
\end{aligned}
\tag{解 3.3.33}
$$

となる。ただし、$x_{Aijx}(t)$、$x_{Bijx}(t)$、$x_{Cijx}(t)$、y_{Aij}、y_{Bij}、y_{Cij}、$e_{dAijx}{}^{(r)}$、$e_{dBijx}{}^{(r)}$、$e_{dCijx}{}^{(r)}$ 、$e_{\theta Pijx}{}^{(r)}$は、それぞれ、計測点 *Aij*、*Bij*、*Cij* の変位の x 成分時刻歴、y 座標値、r 次固有モードベクトルの x 成分、及び中心点 *Pij* の回転角の z 成分である。これを、式(解 3.3.32)の分母に示した $RMS\,[x_{11}{}^{(r)}(t)]$ で除して、本文式(3.3.11)第 1 式で $k=x$ としたものが得られる。同式の $k=y$、$k=z$、第 2 式以下、及び本文式(3.3.12)以下も同様である。

r 次固有モードでは、式(解 3.3.29)～(解 3.3.31)により、自身に対する微分時刻歴の RMS 比は、全て、ω_r となるので、本文式(3.3.18)が得られる。第 2 式の固有震動周期ベクトルは、第 1 式の固有震動数ベクトルを周期に換算したものである。性能評価においては、この周期表示を用いることとする。

【文献】

１）五十嵐　俊一：収震、pp1～54、ISBN978-4-902105-33-9、2022.11

２）１）と同じ、pp30～37

３．４　固有周期

第 *ij* 計測点、あるいは中心点 *Pij* における併進運動の固有周期は、

$$T_{tijk} \equiv \frac{2\pi}{\omega_{tijk}} = \frac{2\pi}{\sqrt{\omega_{vijk}\omega_{dijk}}}、T_{tPijk} \equiv \frac{2\pi}{\omega_{tPijk}} = \frac{2\pi}{\sqrt{\omega_{vPijk}\omega_{dPijk}}} \tag{3.4.1}$$

として、固有震動数ベクトルの ***vijk*** 成分、***vPijk*** 成分、***dijk*** 成分、及び ***dPijk*** 成分から計算できる。

中心点 *Pij* における回転運動の固有周期は、

$$T_{rPijk} \equiv \frac{2\pi}{\omega_{rPijk}} = \frac{2\pi}{\sqrt{\omega_{\theta' Pijk}\omega_{\theta Pijk}}} \tag{3.4.2}$$

として、角速度と回転角の固有震動数ベクトルの $\theta'Pijk$ 成分、及び $\theta Pijk$ 成分から計算できる。

【解説】構造物の振動が、単一の固有振動、即ち、固有値 λ_r に対応する *r* 次モードであれば、3.3 節式(解 3.3.9)及び(解 3.3.10)に示されるように、全ての計測点での加速度、速度、変位の各成分は、同一の振動数 ω_r で振動する。しかし、地盤上の構造物の固有震動は、定常的な振動であるが、複数の固有振動の重ね合わせであると考えられる。従って、同一計測点でも、加速度、速度、変位の振動数は異なる。これを表わすものが、3.3 節本文式(3.3.7)～式(3.3.9)、及び式(3.3.19)の固有震動数ベクトル、及び固有震動周期ベクトルである。

3.3 節解図 3.3.1 に示した関係から、弾性振動の固有値は、加速度と変位を関係づけるものであるとの観点から、第 *ij* 計測点、あるいは中心点 *Pij* の *k* 方向の併進運動の加速度と変位の振幅、即ち、RMS を関係づけるものであるとして、固有値を

$$\lambda_{tijk} \equiv \frac{\sigma_{aijk}}{\sigma_{dijk}}、\lambda_{tPijk} \equiv \frac{\sigma_{aPijk}}{\sigma_{dPijk}} \tag{解 3.4.1}$$

と定義する。これは、3.3 節で計算した速度と変位の固有震動数ベクトルの *ijk* 成分から計算できる。即ち、第 *ij* 計測点に関しては、

$$\lambda_{tijk} \equiv \frac{\sigma_{aijk}}{\sigma_{dijk}} = \frac{\sigma_{aijk}}{\sigma_{vijk}}\frac{\sigma_{vijk}}{\sigma_{dijk}} = \omega_{vijk}\omega_{dijk} = \omega_{tijk}{}^2 \tag{解 3.4.2}$$

となる。これを周期

$$T_{tijk} \equiv \frac{2\pi}{\omega_{tijk}} = \frac{2\pi}{\sqrt{\lambda_{tijk}}} = \frac{2\pi}{\sqrt{\omega_{vijk}\omega_{dijk}}} \tag{解 3.4.3}$$

に変換したものが、本文式(3.4.1)第 1 式の固有周期である。中心点 *Pij* の *k* 方向の併進運動及び回転運動についても同様に本文式(3.4.1)第 2 式、及び、本文式(3.4.2)が得られる。

構造モデルの固有値解析で得られた *r* 次固有モードでは、*r* 次固有周期は、$T^{(r)}=2\pi/\omega_r$ であり、前節の値と一致する。

３．５　運動エネルギー構成比と変化率

（１）点計測における第 ij 支配部分の全運動エネルギーに占める各運動成分の割合を運動エネルギー構成比と呼んで、次のように計算する。

$$R_{ijk} \equiv \frac{RMS\left[p'_{ijk}(t)^2\right]}{\sum_{k=x,y,z} RMS\left[p'_{ijk}(t)^2\right]} \tag{3.5.1}$$

ただし、$p'_{ijk}(t)$は第 ij 計測点の速度時刻歴である。また、運動エネルギー変化率を

$$h_{Rijk} \equiv \frac{R_{ijk}}{R_{11k}} \tag{3.5.2}$$

であると定義する。

（２）面計測における第 Pil 支配部分の全運動エネルギーに占める各運動成分の割合を運動エネルギー構成比と呼んで、次のように計算する。併進運動成分は、

$$R_{tPilk} \equiv RMS\left[R_{tPilk}(t)\right] = \frac{RMS\left[p'_{Pilk}(t)^2\right]}{\sum_{k=x,y,z}\left(RMS\left[p'_{Pilk}(t)^2\right] + \kappa_{Pilk}{}^2 RMS\left[\theta'_{Pilk}(t)^2\right]\right)} \tag{3.5.3}$$

また、回転運動成分は、

$$R_{rPilk} \equiv RMS\left[R_{rPilk}(t)\right] = \frac{\kappa_{Pilk}{}^2 RMS\left[\theta'_{Pilk}(t)^2\right]}{\sum_{k=x,y,z}\left(RMS\left[p'_{Pilk}(t)^2\right] + \kappa_{Pilk}{}^2 RMS\left[\theta'_{Pilk}(t)^2\right]\right)} \tag{3.5.4}$$

である。ただし、$p'_{Pilk}(t)$ 、$\theta'_{Pilk}(t)$は、中心点 Pil の速度時刻歴と角速度時刻歴であり、κ_{Pilk}は、中心点 Pil の支配部分に関する k 軸回りの回転半径である。また、運動エネルギー変化率の併進運動成分は、

$$h_{RtPilk/Rt} \equiv \frac{R_{tPilk}}{R_{tP1mk}} \tag{3.5.5}$$

として、回転運動成分は、

$$h_{RrPilk/Rr} \equiv \frac{R_{rPilk}}{R_{rP1mk}} \tag{3.5.6}$$

として、計算する。

（３）構造モデルの固有値解析によって得られた r 次固有モードから、第 ij 支配部分、及び第 Pil 支配部分の運動エネルギー構成比が計算できる。

点計測における第 ij 支配部分の運動エネルギー構成比は、

$$R^{(r)}{}_{ijk} = \frac{e^{(r)}{}_{dijk}{}^2}{\sum_{k=x,y,z} e^{(r)}{}_{dijk}{}^2} \tag{3.5.7}$$

として計算できる。

面計測における第 *Pil* 支配部分の運動エネルギー構成比の併進運動成分は、

$$R^{(r)}{}_{tPilk} = \frac{e^{(r)}{}_{dPilk}{}^{2}}{\sum_{k=x,y,z}\left(e^{(r)}{}_{dPilk}{}^{2} + \kappa_{Pilk}{}^{2} e^{(r)}{}_{\theta Pilk}{}^{2}\right)} \tag{3.5.8}$$

として計算できる。また、回転運動成分は、

$$R^{(r)}{}_{rPilk} = \frac{e^{(r)}{}_{\theta Pilk}{}^{2}}{\sum_{k=x,y,z}\left(e^{(r)}{}_{dPilk}{}^{2} + \kappa_{Pijk}{}^{2} e^{(r)}{}_{\theta Pilk}{}^{2}\right)} \tag{3.5.9}$$

として計算できる。

点計測における運動エネルギー変化率は

$$h^{(r)}{}_{Rijk} \equiv \frac{R^{(r)}{}_{ijk}}{R^{(r)}{}_{11k}} \tag{3.5.10}$$

面計測における運動エネルギー変化率の併進運動成分は

$$h^{(r)}{}_{RtPilk/Rt} \equiv \frac{R^{(r)}{}_{tPilk}}{R^{(r)}{}_{tP1mk}} \tag{3.5.11}$$

として、回転運動成分は、

$$h^{(r)}{}_{RrPilk/Rr} \equiv \frac{R^{(r)}{}_{rPilk}}{R^{(r)}{}_{rP1mk}} \tag{3.5.12}$$

として計算できる。ただし、$e^{(r)}{}_{dijk}$ は、第 *ij* 計測点に対応する構造モデルの接点の変位の *k* 成分に相当する *r* 次固有モードベクトルの成分である。また、$e^{(r)}{}_{dPilk}$、及び $e^{(r)}{}_{\theta Pilk}$ は、3.3 節本文式(3.3.12)～(3.3.14)、及び(3.3.16)～(3.3.18)で計算したものである。なお、*i=1*、*j=1* は、基準点、*i=1*、*l=m* は、基準面を表わす。

【解説】　(1) 及び (2)　支配部分とは、計測点あるいは計測面と一体となって運動すると考えられる構造物の部分である。点計測においては、計測点の支配部分を質点、面計測においては、計測面の支配部分を剛体であると考える。

剛体の運動を記述するには、代表点の位置を記述する 3 つの変数と剛体の向きを示す 3 つの変数の合計 6 つを用いる必要がある。これを、剛体の自由度は 6 であるという。例えば、剛体上に代表点とこの点を通る線分を固定し、代表点の位置座標 3 つと、線分の方向を示す角度 2 つ、さらに、この線分を軸とする剛体の回転をあらわす角度 1 つで表すことができる。収震設計においては、面計測においては、中心点を代表点とし、この点の慣性系に関する位置を示す 3 変数とこの点の慣性系の各座標軸周りの回転角を示す 3 変数で、剛体とみた計測面の支配部分の運動を記述する方法を用いる。これらは、3.3 節本文式(3.1.1)～(3.1.6)により、計測面上に設けた 3 つの計測点の併進運動から計算される。

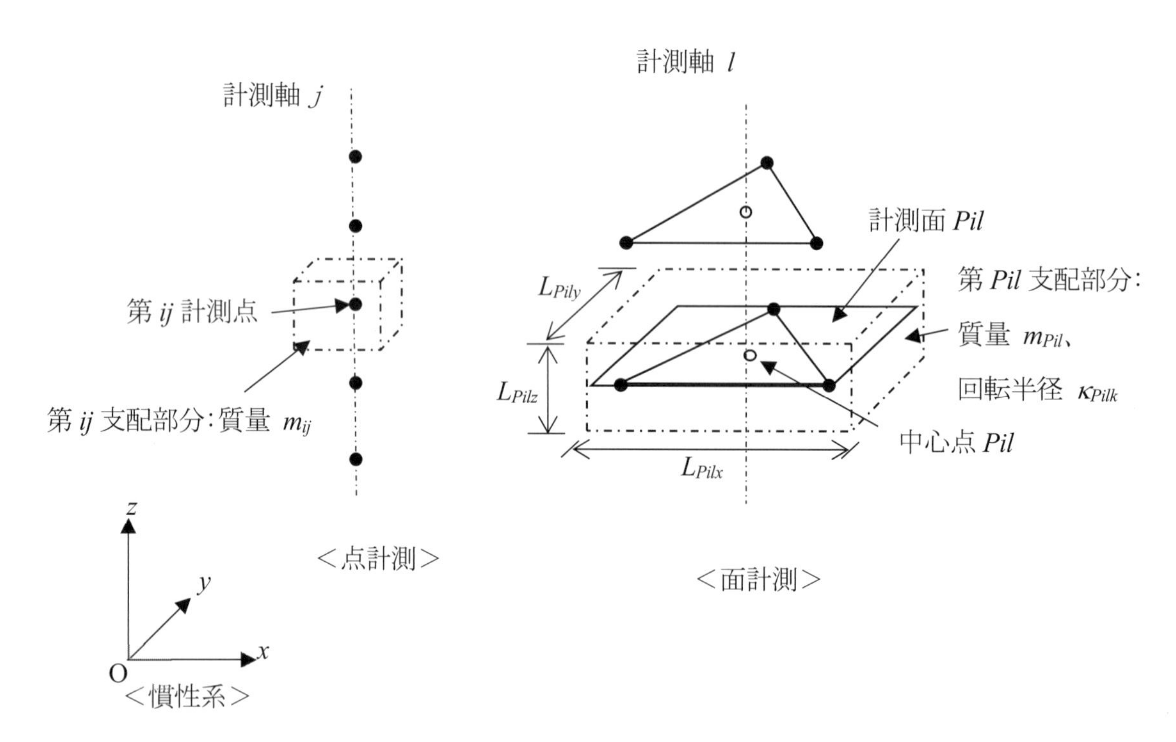

解図 3.5.1　点計測と面計測における支配部分

解図 3.5.1 には、点計測、面計測における支配部分を概念的に示している。点計測においては、第 ij 計測点と一体となって運動すると考えられる構造物の部分の質量 m_{ij} を第 ij 計測点の位置を占める質点に割り当てる。面計測においては、中心点 Pil の運動を計算する 3 点が作る平面を含み、この平面と一体となって運動すると考えられる構造物の部分を、中心点 Pil を重心とし、質量 m_{Pil}、3 辺の長さが、L_{Pilx}、L_{Pily}、L_{Pilz} であり、概ね各辺が慣性系の各座標軸に平行な直方体であるとする。この直方体の中心点 Pil に関する慣性系 k 軸に平行な回転軸回りの回転半径は、

$$\kappa_{Pilk}{}^2 = \frac{1}{12}\left(L_{Pilm}{}^2 + L_{Pilo}{}^2\right) \quad \text{(解 3.5.1)}$$

である。ただし、$k=x,y,z$ であり、m,o は、k 以外の 2 方向である。

第 ij 計測点あるいは中心点 Pij の支配部分の k 成分の併進運動エネルギーは、この部分の質量 m_{ij}、m_{Pij} と速度時刻歴 $p'_{ijk}(t)$ 、$p'_{Pijk}(t)$を用いて、

$$K_{tijk} \equiv \frac{1}{2} m_{ij} p'_{ijk}(t)^2 、\ K_{tPijk} \equiv \frac{1}{2} m_{Pij} p'_{Pijk}(t)^2 \quad \text{(解 3.5.2)}$$

であると定義できる。また、第 ij 計測面の支配部分の k 成分の回転運動エネルギーは、この部分を剛体として、中心点 Pij を中心とする k 軸回りの回転半径κ_{Pijk}と回転角速度時刻歴$\theta'_{Pijk}(t)$ を用いて、

$$K_{rPijk} \equiv \frac{1}{2} m_{Pij} \kappa_{Pijk}{}^2 \theta'_{Pijk}(t)^2 \quad \text{(解 3.5.3)}$$

と書ける。従って、全運動エネルギーは、点計測、面計測について、それぞれ、

$$K_{ij} \equiv \sum_{k=x,y,z} K_{tijk} \text{、} K_{Pij} \equiv \sum_{k=x,y,z} \left(K_{tPijk} + K_{rPijk} \right) \tag{解 3.5.4}$$

となる。本文の各指標はこれらの RMS 比である。ただし、添え字 t は併進運動を、r は回転運動を表わしている。

（3）3.3 節式(解 3.3.29)～(解 3.3.31)を成分表示して、本文式(3.5.1)の定義式の $p'_{ijk}(t)$に代入すれば、点計測においては、

$$\begin{aligned} R^{(r)}{}_{tijk} &= \frac{RMS\left[p'_{ijk}(t)^2 \right]}{\sum_{k=x,y,z} RMS\left[p'_{ijk}(t)^2 \right]} = \frac{RMS\left[\omega_r{}^2 \eta_r(t)^2 e^{(r)}{}_{dijk}{}^2 \right]}{\sum_{k=x,y,z} RMS\left[\omega_r{}^2 \eta_r(t)^2 e^{(r)}{}_{dijk}{}^2 \right]} \\ &= \frac{RMS\left[\omega_r{}^2 \eta_r(t)^2 \right] e^{(r)}{}_{dijk}{}^2}{RMS\left[\omega_r{}^2 \eta_r(t)^2 \right] \sum_{k=x,y,z} e^{(r)}{}_{dijk}{}^2} = \frac{e^{(r)}{}_{dijk}{}^2}{\sum_{k=x,y,z} e^{(r)}{}_{dijk}{}^2} \end{aligned} \tag{解 3.5.5}$$

となり、本文式(3.5.7)を得る。面計測においては、3.3 節式(解 3.3.33)と同様に、中心点 Pij における変位 y,z 成分を、3.1 節本文式(3.1.1)～(3.1.6)を用いて計算し、式(解 3.3.30)と同様に速度を求め、3 成分を本文式(3.5.3)～式(3.5.4)の定義式に代入して、本文式(3.5.8)～(3.5.9)を得る。本文式(3.5.10)～(3.5.12)は、これらから計算できる。ただし、$e^{(r)}{}_{dPijk}$ 及び $e^{(r)}{}_{\theta Pijk}$ は、3.3 節本文式(3.3.12)～(3.3.14)、及び(3.3.16)～(3.3.18)で計算したものである。

第４章　構造物の変形、剛性、弾性限界、及び危険性に関する指標の計算

本章前半は、構造物の形状寸法、質量分布、弾性限界変形、及び構造物に設置した計測点の加速度時刻歴、これを積分して得られた変位時刻歴、あるいは、構造モデルの固有値解析で得られた固有モードと固有振動数から、構造物・地盤系の変形、剛性、及び弾性限界に関する指標を計算する方法である。本章後半においては、想定地震動に対する弾性応答、及び非弾性応答の計算法、危険性に関する指標の計算法、並びに、現行基準の係数等との関係を述べる。

４．１　層間変形と伝達率

構造物に設けられている概ね水平に一体として運動する部分（層）が複数あり、この上に、計測点が、鉛直方向の計測軸に沿って設けられている場合について、点計測においては、第 i 層に対する第 $i+1$ 層の相対変位の第 j 計測軸における値を第 ij 層間変位と呼ぶ。また、同様に、面計測においては、第 Pj 計測軸上の各層の相対変位と相対回転角を、第 Pij 層間変位、第 Pij 層間回転角と呼ぶ。なお、$i=0,\ldots n$ とし、仮想層、及び仮想計測点（$i=0$）においては、変位等をゼロとして、第 0 層間（階）変位等を計算する。

（１）第 ij 層間変位、あるいは、第 Pij 層間変位は、

$$e_{ijk}(t) \equiv p_{i+1,jk}(t) - p_{ijk}(t)、e_{Pijk}(t) \equiv p_{Pi+1,jk}(t) - p_{Pijk}(t) \tag{4.1.1}$$

として、計算できる。これらから計算される変形角、及び伸縮率

$$R_{ijk}(t) \equiv \frac{e_{ijk}(t)}{H_{0ijk}}、R_{Pijk}(t) \equiv \frac{e_{Pijk}(t)}{H_{0Pijk}} \tag{4.1.2}$$

を、第 ij、第 Pij せん断変形角（$k=x,y$）、及び、第 ij、第 Pij 伸縮率（$k=z$）と称する。

第 Pij 層間回転角は、

$$e_{rPijk}(t) \equiv \theta_{Pi+1,jk}(t) - \theta_{Pijk}(t) \tag{4.1.3}$$

として計算できる。これから、第 Pij 曲率（$k=x,y$）、及び、第 Pij ねじり率（$k=z$）は

$$\varphi_{Pijk}(t) \equiv \frac{e_{rPijk}(t)}{H_{0Pijk}} \tag{4.1.4}$$

であると計算できる。ただし、$p_{ijk}(t)$ は、計測点 ij の計測で得られた変位の k 方向成分（$k=x,y,z$）、$p_{Pijk}(t)$、$\theta_{Pijk}(t)$は第 3 章 3.1 節式(3.1.1)～(3.1.6)で計算された中心点 Pij の変位と回転角の k 方向成分とする。また、H_{0ijk} あるいは H_{0Pijk} は、第 ij、第 Pij 層間 k 軸方向の高さ（第 ij 階の k 軸方向の構造階高：$i=1～n$）である。

（2）構造物の第 ij 層間変位伝達率は、点計測において、

$$\left|h_{eijk}\right|=\frac{\sigma_{eijk}}{\sigma_{d11}}=\frac{RMS\left[p_{i+1,jk}(t)-p_{ijk}(t)\right]}{\frac{1}{3}\left(RMS\left[p_{11x}(t)\right]+RMS\left[p_{11y}(t)\right]+RMS\left[p_{11z}(t)\right]\right)} \tag{4.1.5}$$

として計算できる。また、第 Pij 層間変位と回転角の伝達率は、面計測において、

$$\left|h_{ePijk}\right|=\frac{\sigma_{ePijk}}{\sigma_{d11}}=\frac{RMS\left[p_{Pi+1,jk}(t)-p_{Pijk}(t)\right]}{\sigma_{d11}}、\left|h_{erPijk}\right|=\frac{\sigma_{erPijk}}{\sigma_{d11}}=\frac{RMS\left[\theta_{Pi+1,jk}(t)-\theta_{Pijk}(t)\right]}{\sigma_{d11}} \tag{4.1.6}$$

として計算できる。ただし、$i=0,...n$ とし、$i=1$、$j=1$ は、基準点を表わす。また、$p_{0jk}(t)=0$ とする。なお、中心点を基準点とする場合には、上3式で、添え字を $d11\rightarrow dP11$ と変更する。

（3）構造物の第 ij 層間変位伝達率に相当する値は、構造モデルの固有値解析によって得られた r 次固有モードの点計測、あるいは、面計測に対応する接点の値から、

$$\left|h^{(r)}{}_{eijk}\right|=\frac{\left|e_{d,i+1,jk}{}^{(r)}-e_{dijk}{}^{(r)}\right|}{\left|e_{d11}{}^{(r)}\right|}、\left|h^{(r)}{}_{ePijk}\right|=\frac{\left|e_{d,Pi+1,jk}{}^{(r)}-e_{dPijk}{}^{(r)}\right|}{\left|e_{d11}{}^{(r)}\right|} \tag{4.1.7}$$

として計算できる。また、第 Pij 層間回転角伝達率は、

$$\left|h^{(r)}{}_{rePijk}\right|=\frac{\left|e_{\theta,Pi+1,jk}{}^{(r)}-e_{\theta Pijk}{}^{(r)}\right|}{\left|e_{d11}{}^{(r)}\right|} \tag{4.1.8}$$

として計算できる。ただし、$e^{(r)}{}_{dPijk}$、及び $e^{(r)}{}_{\theta Pijk}$ は、3.3節本文式(3.3.12)～(3.3.14)、及び(3.3.16)～(3.3.18)で計算したものである。また、$i=0,...n$ とし、$i=1$、$j=1$ は、基準点を表わす。$e^{(r)}{}_{dP0jk}=0$、$e^{(r)}{}_{\theta P0jk}=0$ とする。なお、中心点を基準点とする場合には、上3式で、添え字を $d11\rightarrow dP11$ と変更する。

【解説】一般に、物を無数の質点から成る連続体であると考えた場合、その変形は、各質点の変位の変化量（差）の位置座標の変化量に対する比（変位勾配）で表すことができる。物はその変形に応じて内部に応力を生ずるが、これは、各質点間に作用する力として表される。ある質点に周囲の質点から作用する応力と、これ以外の作用力（外力）の合力は質点の加速度と質量の積に等しくなる。応力が弾性であれば、変形と応力の間には弾性係数で表される線形関係が成り立つ。計測により、構造物の各部分の変形、加速度、質量、及び外力を知れば、各部分に作用する応力を知り、剛性（弾性係数）を知ることができる[1)]。

通常、構造物には、一体として概ね水平に運動すると考えられる部分が設けられている。この部分を層と呼び、この上に複数の計測点を設けて、計測された加速度を用いて、構造物の変形と応力を表わす。層は、人が活動したり、設備等が稼働する場所、車両などが走行したり、物を貯蔵する場所等であり、大切な部分である。層は、桁・梁、スラブで構成され、これを柱等の鉛直部材で支持する構造が一般的であり、層は、鉛直方向に連なっていることが多い。

図 4.1.1 に構造物と層を概念的に示した。実線で囲ったところに、ビル、鉄道高架橋、ダムなどの構造物を、縦に連ねた四角形のところに、床などの層を想像していただきたい。構造物には複数の計測軸を設け、番号 $j=1, 2,\cdots$を振って区別する。面計測の計測軸には、番号の前に英字 P を付けて区別する。ある計測軸上の計測点に、最下部の層から上に向かって、番号 $i=1, 2,\cdots$を振って、その相対位置を表わすこととする。なお、基礎直下に仮想の計測点、中心点、及び層を設けて、地盤による支持を表現することができる。これを、$i=0$ で表し、変位等はゼロとする。第 0 層間には階高は考えない。

構造物内の各層に計測点を置いて、変形は、層を単位として、軸毎に計測する。第 i 層に対する直上の第 $i+1$ 層の相対変位の第 j 計測軸上における値を第 ij 層間変位と呼び、第 Pj 計測軸上における相対回転角を第 Pij 層間回転角と呼ぶ。

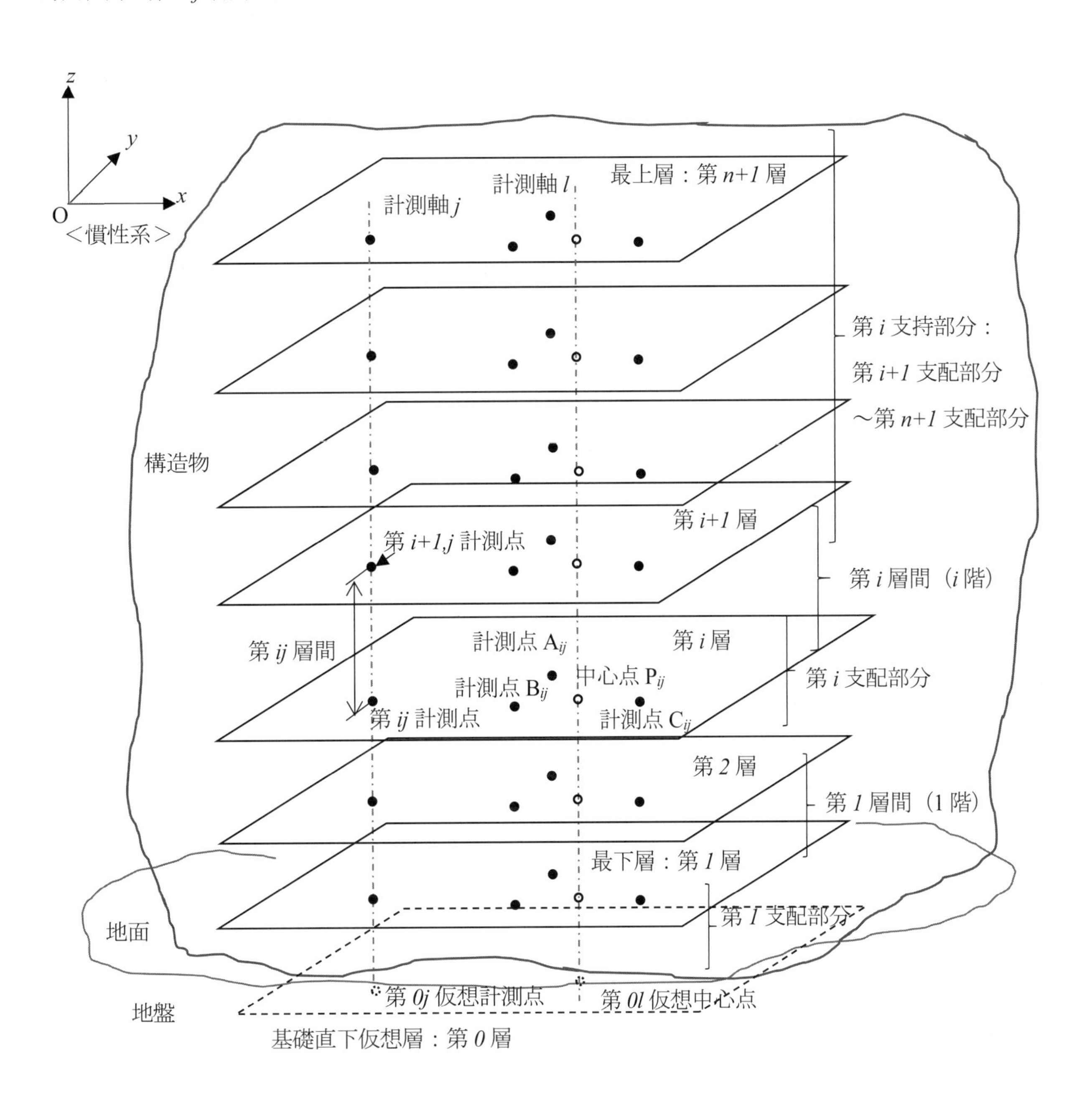

解図 4.1.1　構造物の層、計測点、中心点、支配部分、支持部分

各層各計測軸上に一点ずつの計測点を設ける点計測では、計測軸 j 上の第 i 層の計測点を第 ij 計測点と称する。計測軸 j 上の第 i 層間を第 ij 層間、この支持部分を第 ij 支持部分と称する。面計測における中心点は P、この運動を計算する 3 点は、A、B、C の英字で表す。第 $P\ ij$ 中心点は、第 i 層の計測軸 j 上の中心点である。支配部分は、計測点、あるいは中心点と同じ運動をすると考える部分である。例えば、第 ij 支配部分は、第 ij 計測点と同じ動きをすると考える構造物の部分を指す。

（1）構造物の運動と変形の各成分を、第 i 層第 j 軸に設けた点計測における計測点 ij、面計測における中心点 Pij の相対変位の各成分、及び中心点 Pij の相対回転角の各成分と第 ij 層間の高さ（第 ij 階の階高）から計算する算式が、本文式(4.1.1)～式(4.1.4)である。解図 4.1.2(a)には、本文式(4.1.1)第 2 式、及び式(4.1.3)に示す相対変位と相対変形角の各成分の内、xz 面内の相対変位成分 $e_{Pijx}(t)$、$e_{Pijz}(t)$ 、及び相対回転角成分 $e_{rPijy}(t)$を図示している。同図(b)には、xy 面内の相対変位成分 $e_{Pijx}(t)$、$e_{Pijy}(t)$ 、及び相対回転角成分 $e_{rPijz}(t)$を図示している。式(4.1.2)及び式(4.1.4)に示すように、これらを構造階高で除すことで層間変形角等が得られる。

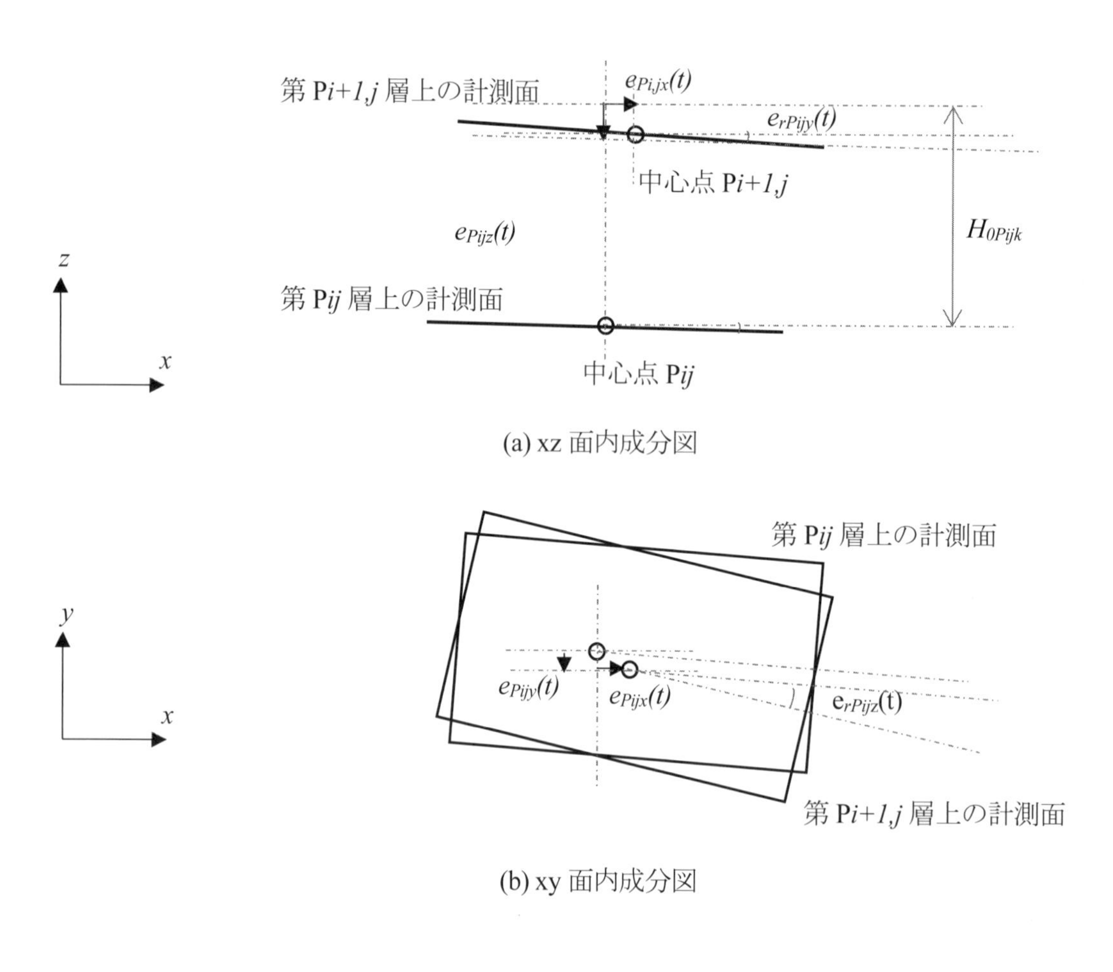

解図 4.1.2　層間変位と層間回転角の成分

（2）第 3 章 3.3 節式(3.3.2)の定義に従い、層間変位及び層間回転角の伝達率を本文式(4.1.5)～(4.1.6)で計算することができる。

（3）本文式(4.1.5)～式(4.1.6)で定義された層間変位と回転角に関する伝達率の分母は、変位と回転角についての計測場所に関する演算で求められる量のRMS、分子はある場所の変位のRMSであるので、構造モデルの固有値解析によって得られた r 次固有モードベクトルの対応する成分で、本文式(4.1.5)～式(4.1.6)の時刻歴を置き換えて、絶対値とし、RMSを無視すれば、これに相当する値が、計算できることは、3.3 節解説に述べたように、r 次固有モードの振動時刻歴 $x^{(r)}(t)$が、時間に依存しない計測場所の関数である固有モードベクトル $e^{(r)}$と時間のみの関数である$\eta_r(t)$の積で表せることと 3.3 節本文式(3.3.1a)のRMSの定義式から明らかであるが、具体的には次のようにして確かめられる。

構造物の第 ij 層間変位の伝達率は、構造モデルの固有値解析によって得られた r 次固有モードの点計測の接点に対応する固有モードベクトルの成分 $e^{(r)}{}_{dijk}$ を用いて、本文式(4.1.7)第 1 式で計算することができる。これは、本文式(4.1.5)に、3.3 節解説式(解 3.3.29)を成分表示したものを代入することで確かめられる。

構造物の第 Pij 層間変位の伝達率に相当する値は、本文式(4.1.7)第 2 式で計算することができる。これは、本文式(4.1.6) 第 1 式に、3.3 節本文式(3.3.1)～(3.3.3)を代入し、この中の各時刻歴に、3.3 節解説式(解 3.3.29)を成分表示したものを代入することで確かめられる。第 Pij 層間回転角の伝達率は、面計測に対応する接点の値から、3.3 節本文式(3.3.16)～(3.3.18)で計算した固有モードベクトルの成分 $e^{(r)}{}_{\theta Pijk}$ を用いて、本文式(4.1.8)で計算することができる。これは、本文式(4.1.6) 第 2 式に、3.3 節本文式(3.3.4)～(3.3.6)を代入し、この中の各時刻歴に、3.3 節解説式(解 3.3.29)の $d\rightarrow\theta$ として、成分表示したものを代入することで確かめられる。

【文献】

1） 五十嵐 俊一：収震、pp1～6、pp59～65、ISBN978-4-902105-33-9、2022.11

４．２　層間剛性と層間震動周期

（１）構造物の第 ij 層間剛性とこれを固有周期に換算した値、即ち、第 ij 層間震動周期の併進運動 k 方向成分は、

$$K_{ijkm}=\frac{\sum_{l=i+1}^{n+1}\left|h_{aljk}\right|m_{lj}}{\left|h_{eijk}\right|}、T_{i+1\sim n+1,jkm}=2\pi\sqrt{\frac{\left|h_{eijk}\right|\sum_{l=i+1}^{n+1}m_{lj}}{\sum_{l=i+1}^{n+1}\left|h_{aljk}\right|m_{lj}}} \tag{4.2.1}$$

として計算できる。ただし、第 ij 計測点の固有震動加速度形状ベクトルの k 方向成分を h_{aijk}、層間変位伝達率を h_{eijk}、支配質量を m_{ij} とする。なお、$m_{0j}=0$ とする。$i=0$ は、地盤の剛性と固有周期換算値である。

第 Pij 層間剛性と層間震動周期の併進運動 k 方向成分は、

$$K_{Pijkm}=\frac{\sum_{l=i+1}^{n+1}\left|h_{aPljk}\right|m_{Plj}}{\left|h_{ePijk}\right|}、T_{P,i+1\sim n+1,jkm}=2\pi\sqrt{\frac{\left|h_{ePijk}\right|\sum_{l=i+1}^{n+1}m_{Plj}}{\sum_{l=i+1}^{n+1}\left|h_{aPljk}\right|m_{Plj}}} \tag{4.2.2}$$

k 軸回りの回転運動の剛性と層間震動周期は、

$$K_{rPijkm}=\frac{\sum_{l=i+1}^{n+1}\left|h_{\theta"Pljk}\right|I_{Pljk}}{\left|h_{erPijk}\right|}、T_{rP,i+1\sim n+1,jkm}=2\pi\sqrt{\frac{\left|h_{erPijk}\right|\sum_{l=i+1}^{n+1}I_{Pljk}}{\sum_{l=i+1}^{n+1}\left|h_{\theta"Pljk}\right|I_{Pljk}}} \tag{4.2.3}$$

であるとして、第 Pij 支配部分の固有震動角加速度ベクトル k 方向成分 $h_{\theta"Pijk}$ と層間回転角伝達率 h_{erPijk}、及び第 Pij 支配部分の k 軸回りの慣性モーメント I_{Pijk} から計算できる。

（２）構造モデルの固有値解析によって得られた r 次固有モードから、第 ij 層間剛性と層間震動周期の併進運動 k 方向成分に相当する値は、

$$K^{(r)}{}_{ijkm}=\frac{\omega_r{}^2\sum_{l=i+1}^{n+1}\left|e^{(r)}{}_{dljk}\right|m_{lj}}{\left|e^{(r)}{}_{d,i+1,jk}-e^{(r)}{}_{dijk}\right|}、T^{(r)}{}_{i+1\sim n+1,jkm}=T_r\sqrt{\frac{\left|e^{(r)}{}_{d,i+1,jk}-e^{(r)}{}_{dijk}\right|\sum_{l=i+1}^{n+1}m_{lj}}{\sum_{l=i+1}^{n+1}\left|e^{(r)}{}_{dljk}\right|m_{lj}}} \tag{4.2.4}$$

として計算できる。ただし、$e^{(r)}{}_{dijk}$ は、第 ij 計測点に対応する構造モデルの接点の変位の k 方向成分に相当する r 次固有モードベクトルの成分である。また、ω_r は r 次固有振動数、T_r は r 次固有周期である。

第 Pij 層間剛性の k 方向成分は、

$$K^{(r)}{}_{Pijkm}=\frac{\omega_r{}^2\sum_{l=i+1}^{n+1}\left|e^{(r)}{}_{dPljk}\right|m_{Plj}}{\left|e^{(r)}{}_{d,P,i+1,jk}-e^{(r)}{}_{dPijk}\right|}、\ T^{(r)}{}_{P,i+1\sim n+1,jkm}=T_r\sqrt{\frac{\left|e^{(r)}{}_{dP,i+1,jk}-e^{(r)}{}_{dPijk}\right|\sum_{l=i+1}^{n+1}m_{Plj}}{\sum_{l=i+1}^{n+1}\left|e^{(r)}{}_{dPljk}\right|m_{Plj}}} \tag{4.2.5}$$

として計算できる。第 Pij 層間の k 軸回りの回転運動の層間剛性と層間震動周期に相当する値は、

$$K^{(r)}{}_{rPijkm}=\frac{\omega_r{}^2\sum_{l=i+1}^{n+1}\left|e^{(r)}{}_{\theta Pljk}\right|I_{Pljk}}{\left|e^{(r)}{}_{\theta P,i+1,jk}-e^{(r)}{}_{\theta Pijk}\right|}、\ T^{(r)}{}_{P,i+1\sim n+1,jk}=T_r\sqrt{\frac{\left|e^{(r)}{}_{\theta P,i+1,jk}-e^{(r)}{}_{\theta Pijk}\right|\sum_{l=i+1}^{n+1}I_{Pljk}}{\sum_{l=i+1}^{n+1}\left|e^{(r)}{}_{\theta Pljk}\right|I_{Pljk}}} \tag{4.2.6}$$

である。ただし、$e^{(r)}{}_{dPijk}$、及び $e^{(r)}{}_{\theta Pijk}$ は、3.3 節本文式(3.3.12)～(3.3.14)、及び(3.3.16)～(3.3.18)で計算したものである。また、$i=1$、$j=1$ は、基準点を表わす。なお、ω_r は r 次固有振動数、T_r は r 次固有周期である。$i=0$ は、地盤バネの剛性と固有周期換算値である。

【解説】（1）前節解図 4.1.1 及び 3.5 節解図 3.5.1 に示す第 ij 支配部分、あるいは、第 Pij 支配部分には、その質量を m_{ij} あるいは m_{Pij} とすれば、重力 $m_{ij}g$ あるいは $m_{Pij}g$ が作用している。また、側面には隣接する部分からの応力、あるいは外力が作用していると考えられるが、以下の計算では、これらは、層間応力に比べて小さいと考えて無視することとする。応力、加速度等は時間の関数であるが、以下、各変数に対する(t)の表記を省略する。また、第 Pij 支配部分について述べるが、第 ij 支配部分の併進運動についても同様である。

Q_{TPijk}、M_{TPijk} は第 Pij 支配部分の上面に、Q_{BPijk}、M_{BPijk} は下面に作用する力とモーメントであるとすれば、第 Pij 支配部分に作用する合力は、

$$P_{Pijk}=Q_{TPijk}+Q_{BPijk}+m_{Pij}g_k \tag{解 4.2.1}$$

と書ける。モーメントの和は

$$N_{Pijk}=M_{TPijk}+M_{BPijk} \tag{解 4.2.2}$$

となる。第 Plj 支配部分は第 Plj 計測面とほぼ同じ運動をすると仮定しているので、剛体であるとし、運動方程式は、併進運動について、

$$P_{Pljk}=p''_{Pljk}m_{Plj} \tag{解 4.2.3}$$

となり、回転運動については、

$$N_{Pljk}=\theta''_{Pljk}I_{Pljk} \tag{解 4.2.4}$$

となる。ただし、右辺に現れた

$$I_{Pljk} \equiv m_{Plj} \kappa^2{}_{Pljk} \qquad \text{(解 4.2.5)}$$

は、第 Plj 部分の k 軸回りの慣性モーメントである。また、

$$\kappa_{Pljk}{}^2 = \frac{1}{12}\left(L_{Pljm}{}^2 + L_{Pijo}{}^2 \right) \qquad \text{(解 4.2.6)}$$

は、第 Plj 支配部分の重心に関する k 方向の回転半径である。ただし、支配部分は慣性系の各座標軸に概ね平行な辺を持つ直方体であるとする。また、L_{Pljk} は k 方向の辺の長さである。なお、k=x,y,z であり、添え字 m,o は、k 以外の 2 方向を表わす。

式(解 4.2.1)に式(解 4.2.3)を代入し、l=i+$1,\cdots n$+1 について各式の両辺を加えれば、第 Pij 支配部分上面の応力は、

$$Q_{TPijk} = \sum_{l=i+1}^{n+1} m_{Plj} p''_{Pljk} \qquad \text{(解 4.2.7)}$$

として、第 Pij 支持部分を構成する各支配部分の加速度と質量の積和となる。ただし、作用反作用の法則により、中間の支配部分の下面と上面の応力は互いに打ち消しあうとした。また、重力加速度の項 $m_{Pij}g_k$ は、水平方向 k=x,y ではゼロであり、鉛直方向 k=z では、観測される加速度の鉛直成分 p''_{pijz} に含まれるものとして無視している。回転運動についても、式(解 4.2.2)に式(解 4.2.4)を代入し、l=$i,\cdots$ n+1 について各式の両辺を加えれば、第 Pij 支配部分上面のモーメントは、

$$M_{TPijk} = \sum_{l=i+1}^{n+1} \theta''_{Pljk} I_{Pljk} \qquad \text{(解 4.2.8)}$$

として、第 Pij 支持部分を構成する各支配部分の回転角加速度と慣性モーメントの積和となる。

式(解 4.2.7)の両辺の RMS を取って、

$$RMS\left[Q_{TPijk}\right] = RMS\left[\sum_{l=i+1}^{n+1} m_{Pljl} p''_{Pljk}\right] \le \sum_{l=i+1}^{n+1} m_{Plj} RMS\left[p''_{Pljk}\right] = \sum_{l=i+1}^{n+1} \sigma_{aPljk} m_{lj} = \sigma_{d11} \sum_{l=i+1}^{n+1} \left|h_{aPljk}\right| m_{Plj} \qquad \text{(解 4.2.9)}$$

以上のように、第 Pij 支配部分に作用する応力は、質量を介して、加速度伝達率と関係づけられる。モーメントに関しても同様である。

剛性は、層間応力と層間変位の比であり、弾性であれば一定値であると考えられるので、

$$K_{Pijk} \equiv \frac{Q_{TPijk}}{e_{Pijk}} = \frac{RMS\left[Q_{TPijk}\right]}{RMS\left[e_{Pijk}\right]} \le \frac{\sigma_{d11}\sum_{l=i+1}^{n+1}\left|h_{aPljk}\right| m_{Plj}}{\sigma_{ePijk}} = \frac{\sum_{l=i+1}^{n+1}\left|h_{aPljk}\right| m_{Plj}}{\left|h_{ePijk}\right|} \equiv K_{Pijkm} \qquad \text{(解 4.2.10)}$$

と書ける。ただし、上式(解 4.2.11)と(解 4.2.9)の不等号には、3.3 節式(解 3.3.16)を用いている。回転剛性に関しても同様である。以上より、(4.2.2)の第 1 式が得られる。本文式(4.2.1) の第 1 式は、以上で、$Pij \rightarrow ij$ として得られる。これらの剛性を固有周期に換算するものが、第 2 式である。即ち、支持する部分が一体として運動すると仮定して、この部分の固有値は、

$$\lambda_{Pi+1\sim n+1,jkm} = \omega_{Pi+1\sim n+1,jkm}{}^2 \equiv \frac{K_{Pijkm}}{\sum_{l=i+1}^{n+1} m_{Plj}} \qquad (解 4.2.11)$$

として、計算できる。固有周期は、定義より、

$$T_{Pi+1\sim n+1,jkm} = \frac{2\pi}{\omega_{Pi+1\sim n+1,jkm}} = 2\pi\sqrt{\frac{\left|h_{ePijk}\right|\sum_{l=i+1}^{n+1} m_{Plj}}{\sum_{l=i+1}^{n+1}\left|h_{aPljk}\right| m_{Plj}}} \qquad (解 4.2.12)$$

として計算できる。回転運動についても、同様である。

（2）本文式(4.2.1)～式(4.2.3)の伝達率を、4.1 節本文式(4.1.7)及び(4.1.8)、3.3 節本文式(3.3.10)～(3.3.18)を用いて、固有値解析の r 次固有モードベクトルで置き換えたものが、本文式(4.2.4)～(4.2.6)である。

なお、本文(4.2.1)第 1 式の関係は、積層モデルの剛性行列と質量行列の特徴から導くこともできる。積層モデルとは、構造物の構造モデルとして、最も単純なものである質点とばねを直列につなげたモデルで、各質点には 1 自由度だけを付与するものがある。通称は串団子である。解図 3.5.1 の点計測の質点に 1～n+1 までの番号を振り、計測軸の番号を省略し、それぞれを第 j 接点とする串団子モデルを考える。接点変位ベクトルを、第 j 接点の変位を第 n+1 接点から第 1 接点まで順番に縦に並べた列ベクトルであるとすれば、剛性行列は、

$$K = \begin{pmatrix} k_{n+1} & -k_{n+1} & 0 & & \cdots & & & 0 \\ -k_{n+1} & k_{n+1}+k_n & -k_n & 0 & & & & \\ 0 & & \cdots & & & & & \\ & 0 & -k_{j+1} & k_{j+1}+k_j & -k_j & 0 & & \vdots \\ \vdots & & \cdots & & & & & \\ & & & & & \cdots & & 0 \\ & & & & 0 & -k_3 & k_3+k_2 & -k_2 \\ 0 & & \cdots & & & 0 & -k_2 & k_2+k_1 \end{pmatrix} \qquad (解 4.2.13)$$

というバンド幅の狭い対称行列となる。ただし、第 j 接点と第 j-1 接点の間の作用力の弾性係数を k_j とする。なお、第 0 接点は、固定点とする。また、第 j 接点の質量 m_j をとすれば、接点質量行列は、

$$M = \begin{pmatrix} m_{n+1} & 0 & & \cdots & & & 0 \\ 0 & m_n & 0 & & \cdots & & \\ & & \cdots & & & \cdots & \\ & \cdots & 0 & m_j & 0 & \cdots & \vdots \\ \vdots & & & \cdots & & & \\ & & & & \cdots & & \\ & & & & 0 & m_2 & 0 \\ 0 & & & \cdots & & 0 & m_1 \end{pmatrix} \qquad (解 4.2.14)$$

という対角行列となる。3.3 節解説式(解 3.3.4)より、上記の串団子モデルに対する r 次固有モードベクトルを $e^{(r)}$、固有値を $\lambda_r=\omega_r^2$ とすれば、

$$Ke^{(r)} = \omega_r{}^2 Me^{(r)} \qquad (解 4.2.15)$$

である。両辺を展開した列ベクトルの先頭、即ち、第 $n+1$ 接点に対応する成分間には、

$$k_{n+1}e_{n+1}{}^{(r)} - k_{n+1}e_{n}{}^{(r)} = \omega_r{}^2 m_{n+1}e_{n+1}{}^{(r)} \tag{解 4.2.16}$$

という関係がある。第 j 接点に対応する成分間では、

$$-k_{j+1}e_{j+1}{}^{(r)} + k_{j+1}e_{j}{}^{(r)} + k_{j}e_{j}{}^{(r)} - k_{j}e_{j-1}{}^{(r)} = \omega_r{}^2 m_{j}e_{j}{}^{(r)} \tag{解 4.2.17}$$

となり、第 1 接点に対応する成分間では、

$$-k_2e_2{}^{(r)} + k_2e_1{}^{(r)} + k_1e_1{}^{(r)} = \omega_r{}^2 m_1e_1{}^{(r)} \tag{解 4.2.18}$$

となる。(解 4.2.17)左辺を $j=i+1$ から $j=n+1$ まで加えて、

$$\begin{aligned}
&\sum_{j=i+1}^{n+1}\left(-k_{j+1}e_{j+1}{}^{(r)} + k_{j+1}e_{j}{}^{(r)} + k_{j}e_{j}{}^{(r)} - k_{j}e_{j-1}{}^{(r)}\right)\\
&= -k_{i+2}e_{i+2}{}^{(r)} + k_{i+2}e_{i+1}{}^{(r)} + k_{i+1}e_{i+1}{}^{(r)} - k_{i+1}e_{i}{}^{(r)} - k_{i+3}e_{i+3}{}^{(r)} + k_{i+3}e_{i+2}{}^{(r)} + k_{i+2}e_{i+2}{}^{(r)} - k_{i+2}e_{i+1}{}^{(r)}\\
&-k_{i+4}e_{i+4}{}^{(r)} + k_{i+4}e_{i+3}{}^{(r)} + k_{i+3}e_{i+3}{}^{(r)} - k_{i+3}e_{i+2}{}^{(r)} \cdots - k_{n}e_{n}{}^{(r)} + k_{n}e_{n-1}{}^{(r)} + k_{n-1}e_{n-1}{}^{(r)} - k_{n-1}e_{n-2}{}^{(r)}\\
&-k_{n+1}e_{n+1}{}^{(r)} + k_{n+1}e_{n}{}^{(r)} + k_{n}e_{n}{}^{(r)} - k_{n}e_{n-1}{}^{(r)} + k_{n+1}e_{n+1}{}^{(r)} - k_{n+1}e_{n}{}^{(r)}\\
&= k_{i+1}\left(e_{i+1}{}^{(r)} - e_{i}{}^{(r)}\right)
\end{aligned} \tag{解 4.2.19}$$

となる。これと、(解 4.2.17)右辺を $j=i+1$ から $j=n+1$ まで加えたものを等値すれば、

$$k_{i+1} = \frac{\omega_r{}^2 \sum_{j=i+1}^{n+1} m_j e_j{}^{(r)}}{\left(e_{i+1}{}^{(r)} - e_i{}^{(r)}\right)} \le \frac{\omega_r{}^2 \sum_{j=i+1}^{n+1} m_j \left|e_j{}^{(r)}\right|}{\left|e_{i+1}{}^{(r)} - e_i{}^{(r)}\right|} \tag{解 4.2.20}$$

となる。左辺の k_{i+1} は、質点 $j+1$ と質点 j の間の弾性係数であるので、解図 4.1.1 に示す第 ij 層間剛性に対応する。なお、上式は、全ての固有モードベクトル $e^{(r)}$ と固有振動数 ω_r で成立する。

本文式(4.2.1)及び(4.2.2)の第 2 式に相当するものは、第 1 式と支持する部分の質量と慣性モーメントの和から、

$$T^{(r)}{}_{i+1\sim n+1,jkm} = 2\pi\sqrt{\frac{\left|e^{(r)}{}_{d,i+1,jk} - e^{(r)}{}_{dijk}\right| \sum_{l=i+1}^{n+1} m_{lj}}{\omega_r{}^2 \sum_{l=i+1}^{n+1} \left|e^{(r)}{}_{dljk}\right| m_{lj}}} = T_r\sqrt{\frac{\left|e^{(r)}{}_{d,i+1,jk} - e^{(r)}{}_{dijk}\right| \sum_{l=i+1}^{n+1} m_{lj}}{\sum_{l=i+1}^{n+1} \left|e^{(r)}{}_{dljk}\right| m_{lj}}} \tag{解 4.2.21}$$

として計算できる。ここで、T_r は r 次固有周期である。(解 4.2.21)は、第 ij 支持部分の固有変形形状の質量荷重平均、即ち、平均的な変位が第 ij 層間変位に等しければ、この部分の平均的な固有周期は、r 次固有周期に等しくなることを示す。回転角に関しても同様である。ただし、r 次モードにおいては、全ての部分が周期 T_r で運動するので、上式のような T_r と異なる固有周期は現れない。このような算式は、支持する部分の運動を単純化して考えるときに限って意味を持つ。

４．３　応答倍率、分布係数、ベース応力係数、及びベースモーメント係数

構造物・地盤系の応力と変形の分布と弾性限界は、応答倍率、分布係数、ベース応力係数、及びベースモーメント係数で表すことができる。

（１）構造物の第 ij 支持部分、及び第 Pij 支持部分の変位（$\alpha=d$）、速度（$\alpha=v$）、加速度（$\alpha=a$）、及び第 Pij 支持部分の回転角（$\beta=\theta$）、角速度（$\beta=\theta'$）、角加速度（$\beta=\theta''$）の応答倍率の k 方向成分は

$$B_{\alpha ijkm}=\frac{\sum_{l=i+1}^{n+1}\left|h_{\alpha ljk}\right|m_{lj}}{\sum_{l=i+1}^{n+1}m_{lj}}、B_{\alpha Pijkm}=\frac{\sum_{l=i+1}^{n+1}\left|h_{\alpha Pljk}\right|m_{Plj}}{\sum_{l=i+1}^{n+1}m_{Plj}}、B_{\beta Pijkm}=\frac{\sum_{l=i+1}^{n+1}\left|h_{\beta Pljk}\right|I_{Pljk}}{\sum_{l=i+1}^{n+1}I_{Pljk}} \tag{4.3.1}$$

として計算できる。ただし、$h_{\alpha ijk}$、$h_{\alpha Pijk}$ 及び $h_{\beta Pijk}$ は第 3 章 3.3 節で定義した固有震動形状ベクトル、m_{ij} は、第 ij 層の支配質量、m_{Pij}、及び I_{Pijk} は第 Pij 層の支配質量、及び k 軸回りの慣性モーメントである。

応答倍率を第 $1j$ 支持部分、あるいは第 $P1j$ 支持部分の応答倍率で基準化したものを分布係数と呼ぶ。これは、

$$A_{\alpha ijkm}\equiv\frac{B_{\alpha ijk}}{B_{\alpha 1jk}}、A_{\alpha Pijkm}\equiv\frac{B_{\alpha Pijk}}{B_{\alpha P1jk}}、A_{\beta Pijkm}\equiv\frac{B_{\beta Pijk}}{B_{\beta P1jk}} \tag{4.3.2}$$

として計算できる。ただし、$i=0,\cdots n$ であり、$i=0$ は地盤と構造物の境界を表わす。

（２）第 ij 層間変形、あるいは第 Pij 層間変形が弾性限界値に達するときの第 $1j$ 層間、あるいは第 $P1j$ 層間応力係数を第 ij 層間ベース応力係数、あるいは第 Pij 層間ベース応力係数と称する。これは、

$$C_{Y1ijkm}=\frac{e_{Yijk}}{\left|h_{eijk}\right|\cdot G}\frac{\sum_{l=2}^{n+1}\left|h_{aljk}\right|m_{lj}}{\sum_{l=2}^{n+1}m_{lj}}、C_{Y1Pijkm}=\frac{e_{YPijk}}{\left|h_{ePijk}\right|\cdot G}\frac{\sum_{l=2}^{n+1}\left|h_{aPljk}\right|m_{Plj}}{\sum_{l=2}^{n+1}m_{Plj}} \tag{4.3.3}$$

として計算できる。ただし、第 ij 層間変位、あるいは第 Pij 層間変位の伝達率と弾性限界値の k 方向成分を h_{eijk}、e_{Yijk}、あるいは、h_{ePijk}、e_{YPijk}、重力加速度の大きさを G とする。

第 Pij 層間回転角が弾性限界値に達するときの第 $P1j$ 層間のモーメント係数を第 Pij 層間ベースモーメント係数と称する。これは、

$$C_{rY1Pijkm}=\frac{e_{rYPijk}}{\left|h_{erPijk}\right|}\frac{\sum_{l=2}^{n+1}\left|h_{\theta''Pljk}\right|I_{Pljk}}{\sum_{l=2}^{n+1}I_{Pljk}} \tag{4.3.4}$$

として計算できる。ただし、第 Pij 層間回転角の伝達率、弾性限界値を h_{erPijk}、e_{rYPijk} とする。ただし、$i=0,\cdots n$ であり、$i=0$ は地盤と構造物の境界を表わす。

（３）構造モデルの固有値解析によって得られた r 次固有モードベクトルの第 ij 計測点の k 方向変位に対応する成分 $e_{dijk}^{(r)}$ を用いて、第 ij 支持部分の応答倍率に相当する値は、

$$B^{(r)}{}_{aijkm}=\frac{\omega_r{}^2\sum_{l=i+1}^{n+1}\left|e^{(r)}{}_{dljk}\right|m_{lj}}{\left|e^{(r)}{}_{d11}\right|\sum_{l=i+1}^{n+1}m_{lj}}、B^{(r)}{}_{vijkm}=\frac{\omega_r\sum_{l=i+1}^{n+1}\left|e^{(r)}{}_{dljk}\right|m_{lj}}{\left|e^{(r)}{}_{d11}\right|\sum_{l=i+1}^{n+1}m_{lj}}、B^{(r)}{}_{dijkm}=\frac{\sum_{l=i+1}^{n+1}\left|e^{(r)}{}_{dljk}\right|m_{lj}}{\left|e^{(r)}{}_{d11}\right|\sum_{l=i+1}^{n+1}m_{lj}} \quad (4.3.5)$$

第 *Pij* 中心点の *k* 方向変位に対応する成分 $e_{dijk}{}^{(r)}$により、第 *Pij* 支持部分の応答倍率に相当する値は、

$$B^{(r)}{}_{aPijkm}=\frac{\omega_r{}^2\sum_{l=i+1}^{n+1}\left|e^{(r)}{}_{dPljk}\right|m_{Plj}}{\left|e^{(r)}{}_{d11}\right|\sum_{l=i+1}^{n+1}m_{Plj}}、B^{(r)}{}_{vPijkm}=\frac{\omega_r\sum_{l=i+1}^{n+1}\left|e^{(r)}{}_{dPljk}\right|m_{Plj}}{\left|e^{(r)}{}_{d11}\right|\sum_{l=i+1}^{n+1}m_{Plj}}、B^{(r)}{}_{dPijkm}=\frac{\sum_{l=i+1}^{n+1}\left|e^{(r)}{}_{dPljk}\right|m_{Plj}}{\left|e^{(r)}{}_{d11}\right|\sum_{l=i+1}^{n+1}m_{Plj}}、$$

$$B^{(r)}{}_{\theta''Pijkm}=\frac{\omega_r{}^2\sum_{l=i+1}^{n+1}\left|e^{(r)}{}_{\theta Pljk}\right|I_{Pljk}}{\left|e^{(r)}{}_{d11}\right|\sum_{l=i+1}^{n+1}I_{Pljk}}、B^{(r)}{}_{\theta'Pijkm}=\frac{\omega_r\sum_{l=i+1}^{n+1}\left|e^{(r)}{}_{\theta Pljk}\right|I_{Pljk}}{\left|e^{(r)}{}_{d11}\right|\sum_{l=i+1}^{n+1}I_{Pljk}}、B^{(r)}{}_{\theta Pijkm}=\frac{\sum_{l=i+1}^{n+1}\left|e^{(r)}{}_{\theta Pljk}\right|I_{Pljk}}{\left|e^{(r)}{}_{d11}\right|\sum_{l=i+1}^{n+1}I_{Pljk}}$$

(4.3.6)

として計算できる。なお、中心点を基準点とする場合には、上 9 式で、添え字を *d11→dP11* と変更する。

第 *ij* 支持部分、あるいは、第 *Pij* 支持部分の分布係数に相当する値は、

$$A^{(r)}{}_{\alpha ijkm}=\frac{\sum_{l=i+1}^{n+1}\left|e^{(r)}{}_{dljk}\right|m_{lj}\Big/\sum_{l=i+1}^{n+1}m_{lj}}{\sum_{l=2}^{n+1}\left|e^{(r)}{}_{dljk}\right|m_{lj}\Big/\sum_{l=2}^{n+1}m_{lj}}、A^{(r)}{}_{\alpha Pijkm}=\frac{\sum_{l=i+1}^{n+1}\left|e^{(r)}{}_{dPljk}\right|m_{Plj}\Big/\sum_{l=i+1}^{n+1}m_{Plj}}{\sum_{l=2}^{n+1}\left|e^{(r)}{}_{dPljk}\right|m_{Plj}\Big/\sum_{l=2}^{n+1}m_{Plj}}$$

$$A^{(r)}{}_{\beta Pijkm}=\frac{\sum_{l=i+1}^{n+1}\left|e^{(r)}{}_{\theta Pljk}\right|I_{Pljk}\Big/\sum_{l=i+1}^{n+1}I_{Pljk}}{\sum_{l=2}^{n+1}\left|e^{(r)}{}_{\theta Pljk}\right|I_{Pljk}\Big/\sum_{l=2}^{n+1}I_{Pljk}} \quad (4.3.7)$$

として計算できる。さらに、第 *ij* 層間、あるいは、第 *Pij* 層間のベース応力係数、及び第 *Pij* 層間のベースモーメント係数に相当する値は、

$$C^{(r)}{}_{Y1ijkm}=\frac{\omega_r{}^2e_{Yijk}}{\left|e^{(r)}{}_{d,i+1,jk}-e^{(r)}{}_{dijk}\right|\cdot G}\frac{\sum_{l=2}^{n+1}\left|e^{(r)}{}_{dljk}\right|m_{lj}}{\sum_{l=2}^{n+1}m_{lj}}、C^{(r)}{}_{Y1Pijkm}=\frac{\omega_r{}^2e_{YPijk}}{\left|e^{(r)}{}_{dP,i+1,jk}-e^{(r)}{}_{dijk}\right|\cdot G}\frac{\sum_{l=2}^{n+1}\left|e^{(r)}{}_{dPljk}\right|m_{Plj}}{\sum_{l=2}^{n+1}m_{Plj}}$$

$$C^{(r)}{}_{rYP1ijkm}=\frac{\omega_r{}^2e_{rYPijk}}{\left|e^{(r)}{}_{\theta P,i+1,jk}-e^{(r)}{}_{\theta Pijk}\right|}\frac{\sum_{l=2}^{n+1}\left|e^{(r)}{}_{d\theta Pljk}\right|I_{Pljk}}{G\cdot\sum_{l=2}^{n+1}I_{Pljk}} \quad (4.3.8)$$

として計算できる。ただし、$\alpha=d$ 、$\alpha=v$ 、$\alpha=a$ は変位、速度、加速度を表わす。また、$\beta=\theta$ 、$\beta=\omega$ 、$\beta=\omega'$ は回転角、角速度、角加速度を表わす。$e^{(r)}_{d11}$ は、3.3 節本文式(3.3.10a)で定義した基準点 $i=1$、$j=1$、あるいは $P11$ の変位の 3 成分の RMS の平均値であり、$e^{(r)}_{dijk}$、及び $e^{(r)}_{\theta ijk}$ は、第 ij 計測点に対応する構造モデルの接点の変位の k 方向成分に相当する r 次固有モードベクトルの成分である。また、$e^{(r)}_{dPijk}$、及び $e^{(r)}_{\theta Pijk}$ は、3.3 節本文式(3.3.12)〜(3.3.14)、及び(3.3.16)〜(3.3.18)で計算したものである。なお、$i=0,\cdots n$ であり、$i=0$ は地盤と構造物の境界を表わす。なお、ω_r は r 次固有振動数である。なお、重力加速度の大きさを G とする。

【解説】（1）加速度応答倍率は、地盤の震動に対して、構造物のある部分がどの程度の加速度を生じたかを示す指標である。本文式(4.3.1)は、第 ij 支持部分を構成する第 lj 支配部分に関する加速度伝達率 h_{aljk} の質量平均値である。これは、

$$B_{aijkm}=\frac{\sum_{l=i+1}^{n+1}\left|h_{aljk}\right|m_{lj}}{\sum_{l=j+1}^{n+1}m_{lj}}=\frac{\sum_{l=i+1}^{n+1}\sigma_{aljk}m_{lj}/\sum_{l=i+1}^{n+1}m_{lj}}{\sigma_{d11}}\geq\frac{RMS\left[\sum_{l=i+1}^{n+1}p''_{ljk}m_{lj}/\sum_{l=i+1}^{n+1}m_{lj}\right]}{\frac{1}{3}\left(RMS\left[p_{11x}\right]+RMS\left[p_{11y}\right]+RMS\left[p_{11z}\right]\right)}$$

(解 4.3.1)

と変形できる。不等号の左辺の分子は第 ij 支持部分の質量荷重平均加速度時刻歴の RMS の上限値を与えるものである。ただし、不等号は、3.3 節(解 3.3.17)の関係を用いている。従って、第 ij 支持部分の加速度応答倍率 B_{aijkm} に、右辺の分母である σ_{d11} を乗ずれば、構造物が固有震動を生じた場合に、第 ij 支持部分に生ずる加速度の質量荷重平均値の RMS の上限値が得られる。ただし、第 ij 支持部分は、第 ij 層間（第 i 階の j 軸）が支持する部分であり、最上階を第 n 階、最上層を $i=n+1$ であるとしている。速度応答倍率 B_{vijkm}、変位応答倍率 B_{dijkm} は、上記の加速度を速度、変位に置き換えたものである。また、面計測における第 Pij 支持部分の応答倍率に関しても、上式の加速度時刻歴を 3.1 節の算式で計算した中心点の回転角加速度時刻歴等に置き換えて、本文式(4.3.1)の第 2，第 3 式が得られる。

本文式(4.3.2)の分布係数は、応答倍率を 1 階が支持する部分（第 $1j$ 支持部分、あるいは第 $P1j$ 支持部分）の応答倍率で基準化したものである。

（2）層間応力をその支持部分の重量で除したものは、応力係数と呼ばれている。第 ij 層間応力の k 成分時刻歴の最大値を、その支持部分の重量で除した第 ij 層間応力係数の k 成分

$$C_{ijkm}\equiv Max\left[Q_{Tijk}\right]/G\cdot\sum_{l=i+1}^{n+1}m_{lj} \qquad \text{(解 4.3.2)}$$

と第 $1j$ 層間応力係数の k 成分

$$C_{1jkm}\equiv Max\left[Q_{T1jk}\right]/G\cdot\sum_{l=2}^{n+1}m_{lj} \qquad \text{(解 4.3.3)}$$

との比は、4.2 節解説式(解 4.2.7)で、$Pij\rightarrow ij$ として、

$$\frac{C_{ijkm}}{C_{1jkm}}=\frac{Max\left[Q_{Tijk}\right]/G\cdot\sum_{l=i+1}^{n+1}m_{lj}}{Max\left[Q_{T1jk}\right]/G\cdot\sum_{l=2}^{n+1}m_{lj}}=\frac{Max\left[\sum_{l=i+1}^{n+1}m_{lj}p''_{ljk}\right]/G\cdot\sum_{l=i+1}^{n+1}m_{lj}}{Max\left[\sum_{l=2}^{n+1}m_{lj}p''_{ljk}\right]/G\cdot\sum_{l=2}^{n+1}m_{lj}}$$

$$\approx\frac{RMS\left[\sum_{l=i+1}^{n+1}m_{lj}p''_{ljk}/G\cdot\sum_{l=i+1}^{n+1}m_{lj}\right]}{RMS\left[\sum_{l=2}^{n+1}m_{lj}p''_{ljk}/G\cdot\sum_{l=2}^{n+1}m_{lj}\right]}\le\frac{\sum_{l=i+1}^{n+1}m_{lj}RMS\left[p''_{ljk}\right]/G\cdot\sum_{l=i+1}^{n+1}m_{lj}}{\sum_{l=2}^{n+1}m_{lj}RMS\left[p''_{ljk}\right]/G\cdot\sum_{l=2}^{n+1}m_{lj}}=\frac{B_{aijk}\sigma_{d11}}{B_{a1jk}\sigma_{d11}}=\frac{B_{aijk}}{B_{a1jk}}=A_{ijkm}$$

(解 4.3.4)

となるので、概ね加速度分布係数で表せる。

第 ij 層間変位の k 成分が、弾性限界変位 e_{Yijk} に達するときの第 ij 層間の応力の k 成分の値は、剛性を用いて、

$$Q_{YTijk}\approx K_{ijkm}e_{Yijk}=\frac{B_{aijkm}\sum_{l=i+1}^{n+1}m_{lj}}{h_{eijk}}\cdot e_{Yijk} \qquad (解 4.3.5)$$

と表せる。以上の関係から、第 ij 層間変位の k 成分が降伏値に達するときの第 $1j$ 層間応力係数、即ち、第 $1j$ 層間応力の k 成分を支持する重量で除した値は、

$$C_{Y1ijkm}\equiv\frac{Q_{T1jk}\left(Q_{Tijk}=Q_{YTijk}\right)}{G\sum_{l=2}^{n+1}m_{lj}}=\frac{Q_{Tijk}\left(Q_{YTijk}=K_{ijkm}\cdot e_{Yijk}\right)}{G\sum_{l=i}^{n+1}m_{lj}\cdot A_{ijkm}}=\frac{B_{aijkm}}{\left|h_{eijk}\right|}\cdot e_{Yijk}\frac{B_{a1jk}}{B_{aijk}\cdot G}=\frac{B_{a1jk}e_{Yijk}}{\left|h_{eijk}\right|\cdot G}$$

(解 4.3.6)

$$=\frac{e_{Yijk}}{\left|h_{eijk}\right|\cdot G}\frac{\sum_{l=2}^{n+1}\left|h_{aljk}\right|m_{lj}}{\sum_{l=2}^{n+1}m_{lj}}$$

となり、本文式(4.3.3)第 1 式のベース応力係数の表現が得られる。面計測における本文式(4.3.3)第 2 式、及び、本文式(4.3.4)のベースモーメント係数に関しても同様である。ただし、モーメント係数は、層間モーメントをその支持する部分の慣性モーメントの合計で除したものである。即ち、

$$C_{rY1Pijkm}\equiv\frac{N_{TP1jk}(N_{TPijk}=N_{YTPijk})}{\sum_{l=2}^{n+1}I_{Pljk}}=\frac{N_{TPijk}\left(N_{YTPijk}=K_{rPijkm}\cdot e_{rYPijk}\right)}{\sum_{l=i}^{n+1}I_{Pljk}\cdot A_{\theta Pijkm}}$$

(解 4.3.7)

$$=\frac{B_{\theta''Pijk}}{\left|h_{erPijk}\right|}\cdot e_{rYPijk}\frac{B_{\theta''P1jk}}{B_{\theta''Pijk}}=\frac{B_{\theta''P1jk}e_{rYPijk}}{\left|h_{erPijk}\right|}$$

となる。

（3）本文式(4.3.1)の内の加速度等の伝達率を第 3 章 3.3 節本文式(3.3.10)～(3.3.11)、の関係を用いて、以下に示すように、構造モデルの固有値解析によって得られた r 次固有モードベクトルの第 ij 層間変位、あるいは第 Pij 層間の k 方向変位に対応する固有モードベクトルの成分で表したものが、本文式

(4.3.5)～(4.3.6)である。ただし、添え字のカンマは、添え字を分かりやすくするためのもので、偏微分ではない。例えば、加速度応答倍率に相当する値は、

$$B_{aijkm}=\frac{\sum_{l=i+1}^{n+1}\left|h_{aljk}\right|m_{lj}}{\sum_{l=i+1}^{n+1}m_{lj}}\rightarrow\frac{\sum_{l=i+1}^{n+1}\left|h^{(r)}{}_{aljk}\right|m_{lj}}{\sum_{l=i+1}^{n+1}m_{lj}}=\frac{\omega_r{}^2\sum_{l=i+1}^{n+1}\left|\frac{e^{(r)}{}_{dljk}}{e^{(r)}{}_{d11}}\right|m_{lj}}{\sum_{l=i+1}^{n+1}m_{lj}}=\frac{\omega_r{}^2\sum_{l=i+1}^{n+1}\left|e^{(r)}{}_{dljk}\right|m_{lj}}{\left|e^{(r)}{}_{d11}\right|\sum_{j=i+1}^{n+1}m_j}\equiv B^{(r)}{}_{aijkm}$$

(解 4.3.8)

として計算できる。速度、変位、回転角加速度等も同様である。また、上式と本文式(4.3.2)より、加速度分布係数に相当する値は、

$$A_{aijkm}\equiv\frac{B_{aijkm}}{B_{a1jkm}}\rightarrow\frac{B^{(r)}{}_{aijkm}}{B^{(r)}{}_{a1jkm}}=\frac{\sum_{j=i+1}^{n+1}\left|e^{(r)}{}_{djk}\right|m_j\Big/\sum_{j=i+1}^{n+1}m_j}{\sum_{j=2}^{n+1}\left|e^{(r)}{}_{djk}\right|m_j\Big/\sum_{j=2}^{n+1}m_j}\equiv A^{(r)}{}_{aijkm} \qquad \text{(解 4.3.9)}$$

として本文式(4.3.7)の第 1 式が得られる。速度、変位、回転角等も同様である。

第 3 章 3.3 節本文式(3.3.10)及び(3.3.11)の関係と 4.1 節本文式(4.1.7)～ (4.1.8)の関係を用いて、本文式(4.3.8)が得られる。第 1 式の第 ij 層間ベース応力係数に相当する値は、

$$C_{Y1ijkm}=\frac{e_{Yijk}}{\left|h_{eijk}\right|\cdot G}\frac{\sum_{l=2}^{n+1}\left|h_{aljk}\right|m_{lj}}{\sum_{l=2}^{n+1}m_{lj}}\rightarrow\frac{e_{Yijk}}{\left|h^{(r)}{}_{eijk}\right|\cdot G}\frac{\sum_{l=2}^{n+1}\left|h^{(r)}{}_{aljk}\right|m_{lj}}{\sum_{l=2}^{n+1}m_{lj}}$$

(解 4.3.10)

$$=\frac{\omega_r{}^2e_{Yijk}}{\left|e_{d,i+1,jk}{}^{(r)}-e_{d,i,jk}{}^{(r)}\right|G}\frac{\sum_{l=i+1}^{n+1}\left|e^{(r)}{}_{dljk}\right|m_{lj}}{\sum_{j=2}^{n+1}m_{lj}}\equiv C^{(r)}{}_{Y1ijkm}$$

となる。第 2 式のベースモーメント係数についても同様である。なお、以上における第 ij 層間変位、あるいは第 Pij 層間変位の弾性限界値の k 方向成分 e_{YPijk}、e_{Yijk} を、構造物の内部については、降伏変形角 R_{YPijk} と構造階高 H_{0Pijk} で表すことができる。

$$e_{YPijk}=R_{YPijk}H_{0Pijk} \qquad \text{(解 4.3.11)}$$

なお、第 Pij 層 k 方向の層間回転角の降伏値は、$i=1,\cdots n$ で、

$$e_{\theta YPijx}=\frac{H_{0Pijy}R_{YPijz}}{L_{Pijy}}、\ e_{\theta YPijy}=\frac{H_{0Pijx}R_{YPijz}}{L_{Pijx}} \qquad \text{(解 4.3.12)}$$

$$e_{\theta YPijz}=Min.\left(\frac{H_{0Pijx}R_{YPijx}}{L_{Pijy}},\frac{H_{0Pijy}R_{YPijy}}{L_{Pijx}}\right) \qquad \text{(解 4.3.13)}$$

と計算してもよい。なお、一般のRC系建物であれば、$R_{YPijx}=R_{YPijy}=1/150\sim1/250$、$R_{Yiz}=1/500$程度の熱値が一般的である。また、Mi.()は最小値を取ることを示す。なお、$i=0$（地盤との境界面）に関しては、

$$e_{\theta YP0\,jx}=\frac{e_{YP0\,jz}}{L_{P1\,jy}}、\ e_{\theta YP0\,jy}=\frac{e_{YP0\,jz}}{L_{P1\,jx}} \quad (解 4.3.14)$$

$$e_{\theta YP0\,jz}=Min.\left(\frac{e_{YP0\,jx}}{L_{P1\,jy}},\frac{e_{YP0\,jy}}{L_{P1\,jx}}\right) \quad (解 4.3.15)$$

とすることが考えられる。ただし、

$$e_{YP0\,jk}=p_{YP1\,jk} \quad (解 4.3.16)$$

は地盤が降伏するときの基準点あるいは基準面のk方向変位であり、地盤と基礎の条件によって異なる。平板載荷試験、杭の水平抵抗試験等の結果を参考に、例えば、e_{YP0jk}=2.5cm（$k=x,y,z$）程度とすることも考えられる。

４．４　想定地震動に対する弾性応答、累積非弾性変位、弾性限界倍率、及び損傷度

（1）想定地震動により構造物の各部分に生ずる弾性応答の大きさは、想定地震動により基準点、あるいは基準面に生ずると推定する変位強震 RMS の平均値に常時微動計測、あるいは固有値解析で得られた伝達率を乗じて計算できる。また、弾性応答の周期は固有震動周期に等しいと推定できる。

第 ij 計測点に生ずる弾性変位、速度、加速度の強震 RMS と周期の推定値は、

$$\sigma_{E\alpha ijk} = \sigma_{Ed} h_{\alpha ijk}、\ T_{\alpha ijk} = \frac{2\pi}{\omega_{\alpha ijk}} \tag{4.4.1}$$

である。

第 Pij 中心点に生ずる弾性回転角、角速度、角加速度の強震 RMS と周期の推定値は、

$$\sigma_{\alpha Pijk} = \sigma_{Ed} \left| h_{\alpha Pijk} \right|、\ \sigma_{\beta Pijk} = \sigma_{Ed} \left| h_{\beta Pijk} \right|、\ T_{\alpha Pijk} = \frac{2\pi}{\omega_{\alpha Pijk}}、\ T_{\beta Pijk} = \frac{2\pi}{\omega_{\beta Pijk}} \tag{4.4.2}$$

である。

第 ij 層間に生ずる弾性層間変位の強震 RMS の推定値は、

$$\sigma_{Eeijk} = \sigma_{Ed} \left| h_{eijk} \right| \tag{4.4.3}$$

である。

第 Pij 層間に生ずる弾性層間変位と回転角の強震 RMS の推定値は、

$$\sigma_{EePijk} = \sigma_{Ed} \left| h_{ePijk} \right|、\ \sigma_{erPijk} = \sigma_{Ed} \left| h_{erijk} \right| \tag{4.4.4}$$

である。ただし、$i=0,\dots n$ とし、$i=0$ は、地盤と構造物の境界面を表わす。また、想定地震動により生ずると推定する基準点変位の 3 成分の強震 RMS の平均値を σ_{Ed} とする。また、$h_{\alpha ijk}$、$h_{\alpha Pijk}$ 及び $h_{\beta Pijk}$ は第 3 章 3.3 節で定義した固有震動形状ベクトルの各成分、即ち、伝達率である。また、$T_{\alpha ijk}$ 等は、固有震動数ベクトルの各成分である。なお、h_{eijk}、h_{ePijk}、h_{erPijk} は、第 ij 層間変位伝達率、第 Pij 層間変位伝達率、及び第 Pij 層間回転角伝達率である。なお、変位（$\alpha=d$）、速度（$\alpha=v$）、加速度（$\alpha=a$）、回転角（$\beta=\theta$）、角速度（$\beta=\theta'$）、角加速度（$\beta=\theta''$）である。

（2）想定地震動により構造物の各部分に生ずる非弾性応答の大きさは、想定地震動により生ずると推定する基準点、あるいは基準面の変位強震 RMS の平均値、強震継続時間、及び伝達率等から計算できる。

第 ij 層間の k 方向に生ずる累積非弾性変位は、

$$u_{sijkm} \equiv \frac{s_0 \left| h_{eijk} \right| \left(B_{vijk} \sigma_{Ed} \right)^2}{T_{vi+1,jk} B_{aijk} e_{Yijk}} \exp\left(-\frac{1}{2} \left(\frac{e_{Yijk}}{\sigma_{Ed} \left| h_{eijk} \right|} \right)^2 \right) \left(\alpha_{vi+1,jk} + \frac{\pi}{2} \sqrt{1 - \alpha_{vi+1,jk}{}^2} \right) \tag{4.4.5}$$

と計算できる。また、これを弾性限界倍率

$$\mu_{usijkm} \equiv \frac{u_{sijkm}}{e_{Yijk}} \tag{4.4.6}$$

及び、損傷度

$$i_{dijkm} \equiv \frac{\mu_{sijkm}}{\mu_{csijk}} \tag{4.4.7}$$

として、基準化することができる。ただし、$i=0,\ldots n$ とし、$i=0$ は、地盤と構造物の境界面を表わす。また、地震動によって生ずる基準点変位の3成分の強震RMSの平均値をσ_{Ed}、強震継続時間を s_0 とする。また、第 $i+1,j$ 計測点の速度の k 成分の中心周期を $T_{vi+1,jk}$、バンド幅指数を$\alpha_{vi+1,jk}$ 、第 ij 支持部分加速度応答倍率の k 成分を B_{aijk}、速度応答倍率を B_{vijk}、第 ij 層間の k 方向に関する層間変位伝達率を h_{eijk}、弾性限界変位を e_{Yijk}、弾性限界倍率の使用限界値をμ_{csijk}とする。ここで、速度の k 成分のバンド幅指数は、

$$\alpha_{vi+1,jk} \equiv \frac{\omega_{cai+1jk}}{\omega_{cvi+1jk}} = \frac{\sigma_{ai+1jk}{}^{2}}{\sigma_{vi+1jk}\sigma_{a'i+1jk}} \tag{4.4.8}$$

である。

第 Pij 層間の k 方向に生ずる累積非弾性変位等は、上各式で、$ij \rightarrow Pij$ として計算できる。

（3）構造モデルの固有値解析によって得られた r 次固有モードベクトルの成分 $e_{dijk}{}^{(r)}$と固有周期 T_r を用いて、想定地震動によって生ずる弾性応答及び非弾性応答の大きさを計算することができる。

r 次固有モードベクトルから計算した第 ij 計測点に生ずる弾性変位、速度、加速度の強震RMSと周期は、

$$\sigma^{(r)}{}_{E\alpha ijk} = \sigma_{Ed}\left|h^{(r)}{}_{\alpha ijk}\right|、\ T^{(r)}{}_{aijk} = \frac{2\pi}{\omega_r} \tag{4.4.9}$$

である。

r 次固有モードベクトルから計算した第 Pij 中心点に生ずる弾性変位、速度、加速度の強震RMSと周期は、

$$\sigma^{(r)}{}_{E\alpha Pijk} = \sigma_{Ed}\left|h^{(r)}{}_{\alpha Pijk}\right|、\ \sigma^{(r)}{}_{E\beta Pijk} = \sigma_{Ed}\left|h^{(r)}{}_{\beta Pijk}\right|、\ T^{(r)}{}_{\alpha Pijk} = \frac{2\pi}{\omega_r}、\ T^{(r)}{}_{\beta Pijk} = \frac{2\pi}{\omega_r} \tag{4.4.10}$$

である。ただし、$T^{(r)}{}_{\alpha ijk}$ 等は固有震動周期である。

r 次固有モードベクトルから計算した第 ij 層間に生ずる弾性層間変位の強震RMSは、

$$\sigma^{(r)}{}_{Eeijk} = \sigma_{Ed}\left|h^{(r)}{}_{eijk}\right| \tag{4.4.11}$$

である。

r 次固有モードベクトルから計算した第 Pij 層間に生ずる弾性層間変位と回転角の強震RMSは、

$$\sigma^{(r)}{}_{EePijk} = \sigma_{Ed}\left|h^{(r)}{}_{ePijk}\right|、\ \sigma^{(r)}{}_{erPijk} = \sigma_{Ed}\left|h^{(r)}{}_{erijk}\right| \tag{4.4.12}$$

である。

r 次固有モードベクトルから計算した第 ij 層間変位の k 成分に相当する第 ij 層間の k 方向の累積非弾性変位は、

$$u^{(r)}{}_{sijkm} = \frac{s_0\sigma_{Ed}{}^2}{T_r e_{Yijk}}\left|h^{(r)}{}_{eijk}\right|B^{(r)}{}_{dijk}\exp\left(-\frac{1}{2}\left(\frac{e_{Yijk}}{\sigma_{Ed}\left|h^{(r)}{}_{eijk}\right|}\right)^2\right) \tag{4.4.13}$$

である。ただし、$|h^{(r)}{}_{\alpha ijk}|$、$|h^{(r)}{}_{\alpha Pijk}|$、$|h^{(r)}{}_{\beta Pijk}|$、$|h^{(r)}{}_{eijk}|$、$|h^{(r)}{}_{ePijk}|$は、それぞれ、$r$ 次固有モードベクトルから計算した第 ij 層間、あるいは、第 Pij 層間 k 方向の変位等の伝達率と層間変位伝達率であり、$B^{(r)}{}_{dijk}$は変位応答倍率である。これらの計算法は、第 3 章 3.3 節、及び第 4 章 4.3 節に掲載している。なお、T_r は r 次固有である。

r 次固有モードベクトルから計算した第 Pij 層間の k 方向に生ずる累積非弾性変位 $u^{(r)}{}_{sPij}$は、上記で、$ij \rightarrow Pij$ として計算できる。また、これを r 次固有モードベクトルから計算した弾性限界倍率

$$\mu^{(r)}{}_{usijkm} \equiv \frac{u^{(r)}{}_{sijkm}}{e_{Yijk}} \tag{4.4.14}$$

及び、損傷度

$$i^{(r)}{}_{dijkm} \equiv \frac{\mu^{(r)}{}_{sijkm}}{\mu_{csijk}} \tag{4.4.15}$$

として、基準化することができる。ただし、$i=0,\dots n$ とし、$i=0$ は、地盤と構造物の境界面を表わす。

【解説】（1）地震動は、震源に生じたずれ、破壊の影響が波動となって構造物の周辺地盤に到達し、周辺地盤と構造物が振動する現象である。地震動の大きさ、形状、周期は、周辺地盤と構造物の性質だけでなく、震源のずれ等の様相、震源から構造物までの間に存在する岩盤、地盤の性質によっても左右される。さらに、大地震であれば、周辺地盤も構造物も破壊を伴って振動するので、地震動による構造物の応答を正確に計算することは不可能に近い。本節は、地震動の振幅が弾性限界を超えるまでは、構造物と周辺地盤は弾性振動を生ずると考えて、常時微動計測で得た固有震動、あるいは固有値解析で求めた固有振動の形状と周期を用いて、想定地震動に対する弾性応答の大きさを計算する方法を示している。

常時微動は、定常的な振動である。これを、定常ガウス過程によりモデル化することで、多くの性質が RMS を用いて表されている。一方、地震動は、強い非定常性を持つ。定常ガウス過程に関する研究成果を、地震動の性質の分析に役立てる手段として、地震動を定常ガウス過程の有限な継続時間の部分としてモデル化する方法が提案されている。この継続時間は、強震継続時間と呼ばれており、これを用いて計算された RMS は強震 RMS という。以上の概念の詳しい説明と、近年の大地震の観測地

震動記録から計算した強震継続時間 s_0、及び変位の 3 成分の強震 RMS は、文献 1)に掲載されている。この内、公開された加速度時刻歴に気象庁が震度を算出する際に用いているフィルターを掛けた加速度時刻歴について計算されたものから 3 成分の変位強震 RMS 平均値を計算し、マグニチュード震動等とともに解表 4.4.1 にまとめた。

解表 4.4.1 地震と変位 3 成分の強震 RMS 平均値、及び強震継続時間

#	年月日	地震名/マグニチュード	観測点所在/震源距離	震度/計測震度	変位 RMS 平均値[cm]	強震継続時間平均値[s]
1	1940. 5. 18	インペリアル・バレー地震/7. 1(USGS)	エルセントロ/ 10km 以下（震央距離）	5 強/5. 4	5. 5	7. 4
2	1952. 7. 21	カーン・カウンティ地震/7. 3(USGS)	タフト/ 40km 程度（震央距離）	5 弱/4. 9	2. 7	12. 9
3	1968. 5. 16	十勝沖地震/ 7. 9	八戸	5 強/5. 2	4. 4	20. 2
4	1978. 6. 12	宮城県沖地震/7. 4	東北大建築学科/119km	6 弱/5. 5	2. 5	22. 4
5	1993. 1. 15	釧路沖地震/7. 5	釧路市幣舞町/101km	6 強/6. 3	35. 2	20. 7
6	1995. 1. 17	兵庫県南部地震/7. 3	神戸中央区中山手/23km	6 強/6. 4	8. 1	5. 8
7			鷹取駅構内	6 強/6. 4	16. 4	12. 3
8	2004. 10. 23	新潟県中越地震/6. 8	小千谷市/15km	7/6. 7	57. 2	8. 0
9	2008. 6. 14	岩手・宮城内陸地震/7. 2	岩手県一関市/9km	6 強/6. 3	20. 3	8. 8
10	2011. 3. 11	東北地方太平洋沖地震/9. 0	栗原市築館/117km	7/6. 6	35. 4	11. 4
11			仙台市宮城野区苦竹/172km	6 強/6. 3	81. 1	26. 0
12			仙台市宮城野区五輪/174km	6 弱/5. 6	4. 8	31. 9
13			白河市新白河/260km	6 強/6. 1	5. 4	29. 0
14	2016. 4. 16	熊本地震/7. 3	益城町/14km	7/6. 5	23. 4	6. 4
15			宇土市/17km	6 強/6. 2	9. 0	7. 3
16			熊本市/13km	6 強/6. 0	8. 3	9. 2
17	2024. 1. 1	能登半島地震/7. 6	羽咋郡 志賀町/61km	7/6. 6	71. 3	7. 9
18			鳳珠郡 穴水町/43km	7/6. 5	17. 7	12. 3
19			珠洲市 大谷町/19km	6 強/6. 2	22. 7	22. 5

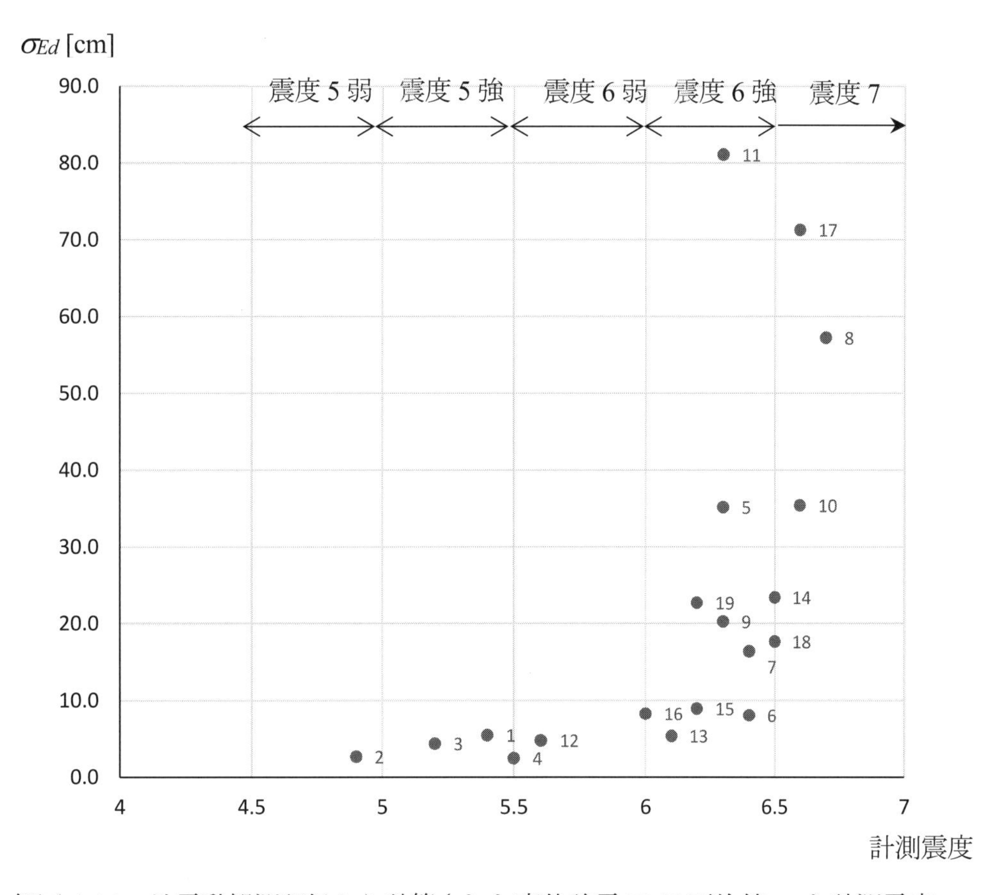

解図 4.4.1　地震動観測記録から計算された変位強震 RMS 平均値σ_{Ed}と計測震度

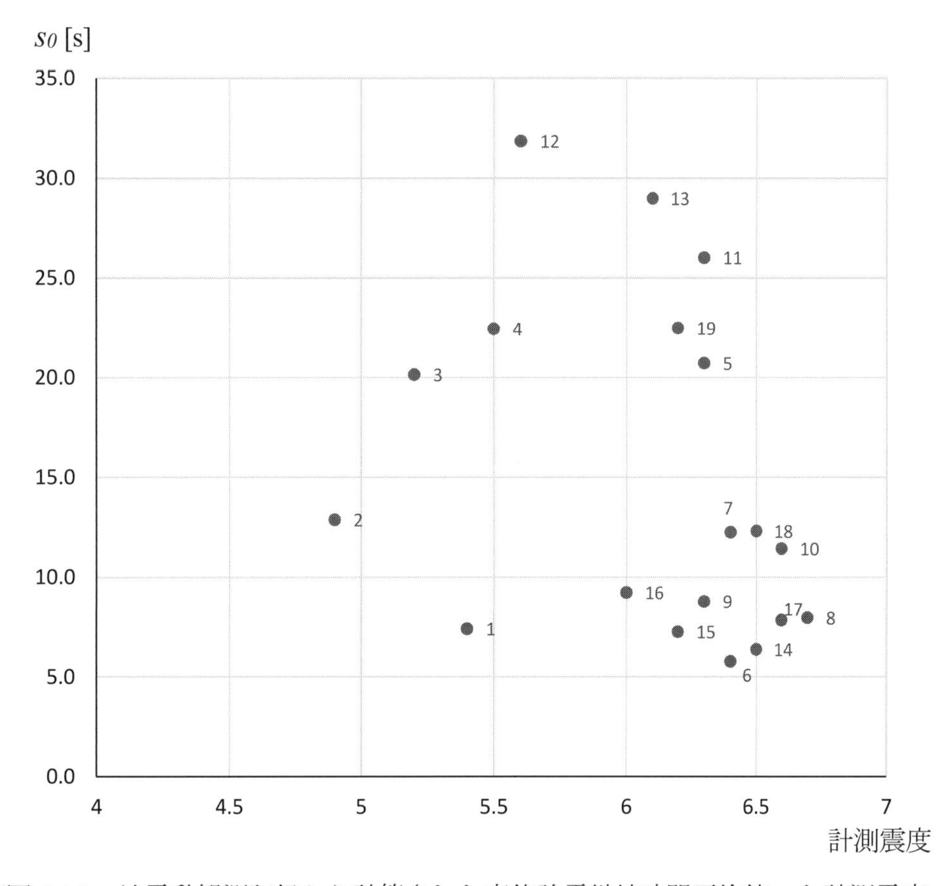

解図 4.4.2　地震動観測記録から計算された変位強震継続時間平均値 s_0 と計測震度

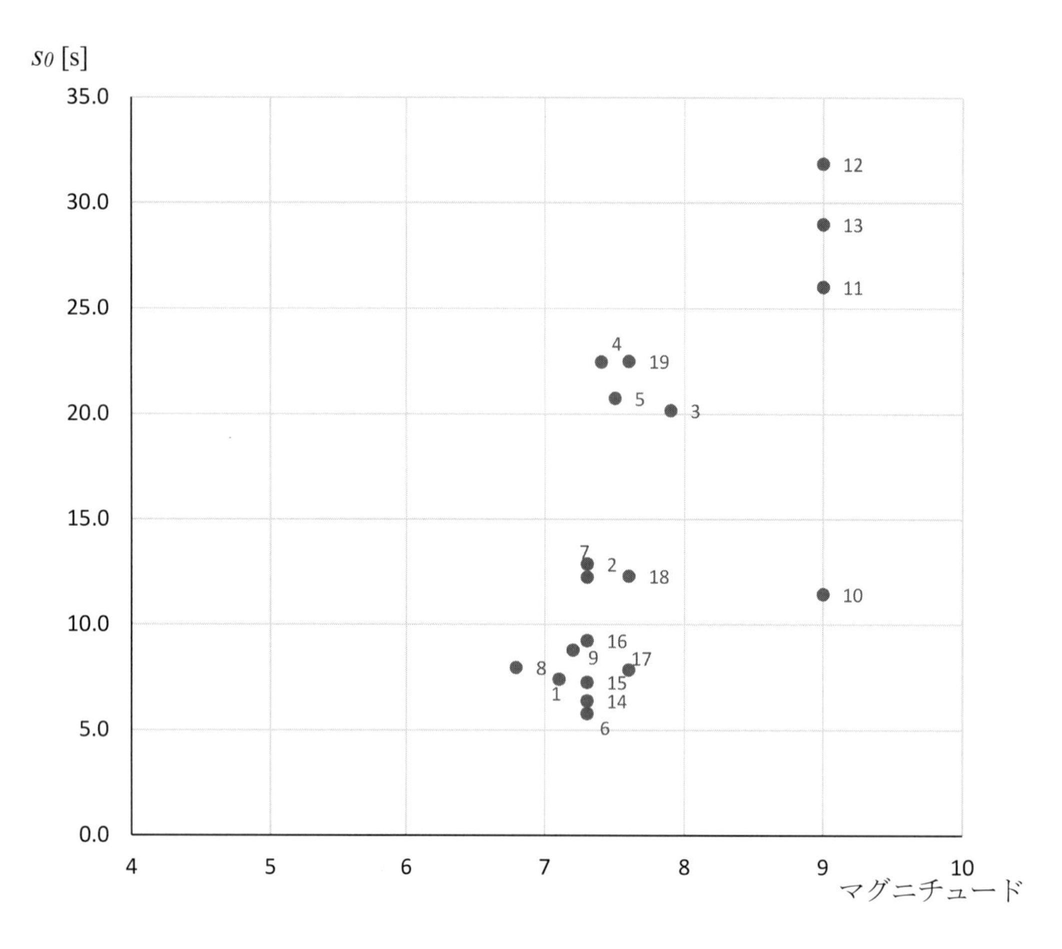

解図 4.4.3　地震動観測記録から計算された変位強震継続時間平均値とマグニチュード

地震動番号 1～3 は、新耐震基準の基礎となった地震動である。震度は、5 弱から 5 強、変位強震 RMS 平均値は 3～6cm 程度である。地震動番号 4 は、新耐震基準の制定直前に東北大学で加速された地震動で建物の応答も同時に計測されており、諸係数の妥当性の検証に用いられた。地震動番号 5 は、新耐震基準の暗黙の想定を大幅に超える地震動として話題になったものである。当時の状況を第一部 vi ページ以降で詳しく説明している。地震動番号 6 は、阪神・淡路大震災の神戸海洋気象台記録であり、震度 7 の帯の付近の記録である。

なお、地震動番号 7 の鷹取駅で観測された地震動は鉛直成分が無いので計測震度、変位強震 RMS 平均値等は水平 2 成分から計算している。今世紀に入って観測された震度 7 の大地震動では、70cm を超える変位平均 RMS 値も計算されている。ただし、大きな強震変位 RMS が計算されたものに関しては、計測器付近の残留傾斜、永久変位等の影響である可能性もある [1)]。解表 4.4.1 の 19 記録の変位強震 RMS 平均値を計測震度に対してプロットしたものが解図 4.4.1 である。正の相関が認められ、計測震度に対して指数関数的に増大している。また、解図 4.4.2 には、変位の強震継続時間の平均値を計測震度に対してプロットしている。正の相関が認められるが、計測震度の増大に応じてばらつきが大きくなる。解図 4.4.3 には、変位 3 成分の強震継続時間の平均値をマグニチュード（気象庁）に対してプロットしている。正の相関が認められるがマグニチュードの増大に応じてばらつきも大きくなっている。なお、震度6強の記録の内、地震動番号11の苫竹の記録は水平2成分が鉛直成分に比べて極めて大きく、残留傾斜が生じている可能性があり、外れ値であると考えることができる。

解表4.4.2に計測震度に対する変位強震RMS平均値の目安を、解表4.4.3には、マグニチュードに対する強震継続時間平均値の目安を掲げる。

解表4.4.2 震度に対する変位強震RMS平均値の目安

震度	震度5強	震度6弱	震度6強	震度7
変位強震RMS平均値	3 cm	5cm	15cm	45cm

解表4.4.3 マグニチュードに対する強震継続時間平均値の目安

マグニチュード	7前後	7.5～8	9
強震継続時間平均値	5～10s	10～25s	10～35s

想定地震動により構造物の各部分に生ずる弾性応答の大きさは、本文式(4.4.1)～(4.4.4)に従って、想定地震動により基準点、あるいは基準面に生ずると推定する変位強震RMS平均値に常時微動計測、あるいは固有値解析で得られた固有震動ベクトルを乗じて計算できる。これらの値は、解表4.4.1～4.4.3及び解図4.4.1～4.4.3を参考に定めることができる。ただし、地盤上の変位と構造物の基準点の変位は等しくはないこと、及び、計測震度に対しても、マグニチュードに対しても、こられが大きくなるとばらつきが増大することに留意する必要がある。

（2）構造物の地震動による非弾性変形量とは、弾性限界を超えた部分に生ずる変形量である。これは、構造物の固有変形の時空間的形状、弾性限界変形に依存する。さらに、その入力となる地震動の性質にも左右される。本文式(4.4.5)の算式は、単純なモデルによって、上記の各パラメータと非弾性変形量の関係を導いたものである。

粗い平面上に置かれた質点が、平面の不規則振動によって生ずる累積滑り変位量の期待値を、平面の振動が、定常ガウス過程の継続時間s_0の部分である場合について、この定常過程に関するパラメータと質点の滑動限界加速度A_cで表す解析的な解

$$E\left[\Sigma u\right]=\frac{s_0\sigma_v^{\ 2}}{T_v A_c}\exp\left(-\frac{1}{2}\left(\frac{A_c}{\sigma_a}\right)^2\right)\left(\alpha_v+\frac{\pi}{2}\sqrt{1-\alpha_v^{\ 2}}\right) \quad \text{(解 4.4.1)}$$

が得られている[2)]。ただし、σ_a、σ_v、s_0は、それぞれ、粗い平面の振動の加速度時刻歴と速度時刻歴のRMS、及び継続時間であり、速度時刻歴の中心周期をT_v、バンド幅指数をα_vとしている。

本節の算式は、構造物の第ij支持部分を質点、第ij層間を粗い平面と質点との境界と見て、固有震動に関する指標を上記のモデルに代入して、k方向の累積滑り変位量を計算し、これを非弾性変形量の指標とするものである。このとき、この平面の振動は、滑りを生じない場合の質点の振動であるの

で、第 ij 支持部分の固有震動が増幅されたものとする。第 ij 層間の滑動限界加速度を A_{cik}、第 ij 支持部分の加速度時刻歴の強震継続時間を s_0、強震 RMS を $\sigma_{ai+1\sim n+1,jk}$、これを積分して得られる速度時刻歴の強震 RMS を $\sigma_{v\,i+1\sim n+1,jk}$、中心周期を $T_{v\,i+1\sim n+1,jk}$、バンド幅指数を $\alpha_{v\,i+1\sim n+1,jk}$ とすれば、震動により第 ij 層間 k 方向に生ずる累積滑り変位の期待値は、以上の指標値を式(解 4.4.1)にあてはめて、

$$E\left[\Sigma u_{ijk}\right]=\frac{s_0\sigma_{vi+1\sim n+1,jk}{}^2}{T_{vi+1\sim n+1,jk}A_{cijk}}\exp\left(-\frac{1}{2}\left(\frac{A_{cijk}}{\sigma_{ai+1\sim n+1,jk}}\right)^2\right)\left(\alpha_{vi+1\sim n+1,jk}+\frac{\pi}{2}\sqrt{1-\alpha_{vi+1\sim n+1,jk}{}^2}\right) \quad \text{(解 4.4.2)}$$

となる。4.3 節式(解 4.3.1)より、第 ij 支持部分に生ずる質量荷重平均加速度時刻歴の強震 RMS の上限は、

$$\sigma_{ai+1\sim n+,jk}=RMS\left[\sum_{l=i+1}^{n+1}m_{lj}p''_{ljk}\Big/\sum_{l=i+1}^{n+1}m_{lj}\right]\le\sum_{l=i+1}^{n+1}m_{lj}RMS\left[p''_{ljk}\right]\Big/\sum_{l=i+1}^{n+1}m_{lj}=B_{aijk}\sigma_{Ed} \quad \text{(解 4.4.3)}$$

であると、加速度応答倍率 B_{aijk} と基準点の変位強震 RMS 平均値 σ_{Ed} で表される。上式の加速度時刻歴を速度時刻歴に入れ替えて、第 ij 支持部分の質量加重平均速度の強震 RMS の上限は、

$$\sigma_{vi+1\sim n+1,jk}\le B_{vijk}\sigma_{Ed} \quad \text{(解 4.4.4)}$$

となる。第 ij 層間の k 方向の滑動限界加速度は、降伏時のせん断力を支持部分の質量で除したものであるとして、 4.3 節式(解 4.3.5)より、

$$A_{cijk}\equiv Q_{YTijk}\Big/\sum_{j=i+1}^{n+1}m_j\approx B_{aijk}\frac{e_{Yijk}}{\left|h_{eijk}\right|} \quad \text{(解 4.4.5)}$$

と表せる。また、第 ij 支持部分の中心周期 $T_{v\,i+1\sim n+1,jk}$ とバンド幅 $\alpha_{v\,i+1\sim n+1,jk}$ は、この部分の代表として第 $i+1,j$ 層 k 方向のものを用いる。以上の関係を、式(解 4.4.2)に代入すれば、本文式(4.4.5)が得られる。

本文式(4.4.6)は、

$$\mu_{usijkm}\equiv\frac{u_{sijkm}}{e_{Yijk}}$$

$$=\frac{s_0}{T_{vi+1,jk}}\cdot\frac{\sigma_{Ed}{}^2}{e_{Yijk}}\frac{B_{vijk}{}^2}{B_{aijk}}\frac{\left|h_{eijk}\right|}{e_{Yijk}}\exp\left(-\frac{1}{2}\left(\frac{e_{Yijk}}{\sigma_{Ed}\left|h_{eijk}\right|}\right)^2\right)f\left(\alpha_{vi+1,jk}\right) \quad \text{(解 4.4.6)}$$

と変形できる。ただし、

$$f\left(\alpha_{vi+1,jk}\right)\equiv\alpha_{vi+1,jk}+\frac{\pi}{2}\sqrt{1-\alpha_{vi+1,jk}{}^2} \quad \text{(解 4.4.7)}$$

とした。ここで、弾性応答弾性限界率を、

$$h\equiv\frac{\left|h_{eijk}\right|\sigma_{Ed}}{e_{Yijk}}=\frac{e_{ijk}}{e_{Yijk}} \quad \text{(解 4.4.8)}$$

とおく。ただし、

$$e_{ijk} \equiv \left|h_{eik}\right| \sigma_{Ed} \qquad \text{(解 4.4.9)}$$

は、基準点の変位平均 RMS σ_{Ed} に対する第 ij 層間の弾性層間変位である。以上より、式(解 4.4.6)は、

$$\mu_{usijkm} = n_{ijkm} \cdot \mu_{Edz} \cdot m_{Bijk} \cdot h \exp\left(-\frac{1}{2h^2}\right) \cdot f\left(\alpha_{vijk}\right) \qquad \text{(解 4.4.10)}$$

となる。ただし、第 1 の因数

$$n_{ijkm} \equiv \frac{s_0}{T_{vi+1,jk}} \qquad \text{(解 4.4.11)}$$

は、想定地震動による第 i 層間の振動の繰り返し回数である。また、第 2 の因数

$$\mu_{Edz} \equiv \frac{\sigma_{Ed}}{e_{Yik}} \qquad \text{(解 4.4.12)}$$

は、入力である基準点の変位強震 RMS 平均値 σ_{Ed} を層間弾性限界変位 e_{Yijk} で基準化したものである。第 3 の因数

$$m_{Bijk} \equiv B_{vijk}{}^2 / B_{aijk} = \left(\frac{\sum_{l=i+1}^{n+1} \left|h_{vljk}\right| m_{lj}}{\sum_{l=i+1}^{n+1} m_{lj}} \right)^2 / \frac{\sum_{l=i+1}^{n+1} \left|h_{aljk}\right| m_{lj}}{\sum_{l=i+1}^{n+1} m_{lj}} = \frac{\left(\sum_{l=i+1}^{n+1} \left|h_{vljk}\right| m_{lj} \right)^2}{\sum_{l=i+1}^{n+1} m_{lj} \left(\sum_{l=i+1}^{n+1} \left|h_{aljk}\right| m_{lj} \right)} \qquad \text{(解 4.4.13)}$$

は、弾性限界倍率に関する応答倍率であると解釈できる。

第 4 の因数である $h\exp(-1/2h^2)$ は、式(解 4.4.8)で定義した応答弾性限界率 h の関数であり、$0<h<0.3$ では $\exp$ の項の影響でほぼゼロ、$0.3<h$ で h の増大に応じて直線的に増大する。弾性限界を無視して計算した弾性応答層間変位の強震 RMS である e_{ijk} が弾性限界値 e_{Yijk} の 3 割以下であれば、ほとんど非弾性変位は生じない。ピークファクタを 3.0 とすれば、前記計算の最大値 3.0 e_{ijk} が弾性限界値以下であれば、非弾性変位はほぼ生じないが、h が大きくなるにつれて、h に比例するように非弾性変位が生ずることになる。

第 5 の因数である $f(\alpha_{vijk})$ は、第 i 層 k 方向の速度のバンド幅指数 α_{vijk} の関数である。α_{vijk} は定義から、$0<\alpha_{vijk}<1$ である。$\alpha_{vijk}=0$ は、ホワイトノイズで、$f(0)=\pi/2=1.57$ をとり、単調に若干増加して、$\alpha_{vijk}=0.537$ で極大値 $f(0.537)=1.862$ を取り、以降単調に減少して、単一正弦波である $\alpha_{vijk}=1$ で $f(1)=1.0$ となる。従って、バンド幅指数が 0.537 以上ならば、バンド幅指数が大きい（バンド幅が小さい：単一正弦波に近い）程、弾性限界倍率が小さくなることになる。

また、弾性限界層間変位 e_{Yijk} は大きい方が、固有震動速度の中心周期 T_{vijk} は長い方が、速度応答倍率 B_{vijk} は、小さい方が、弾性限界倍率は小さくなることが分る。このような性質を持つ構造物は損傷を受けにくいことを本節のモデルは示している。入力地震動側では、入力変位と、強震継続時間に比例して損傷を与える能力が増えることが導かれる。

第 Pij 層間の k 方向に生ずる累積非弾性変位 u_{sPij} は、上記で、$ij \rightarrow Pij$ として計算できる。

$$u_{sPijkm} \equiv \frac{s_0 \left|h_{ePijk}\right| \left(B_{vPijk}\sigma_{Ed}\right)^2}{T_{vPi+1,jk} B_{aPijk} e_{YPijk}} \exp\left(-\frac{1}{2}\left(\frac{e_{YPijk}}{\sigma_{Ed}\left|h_{ePijk}\right|}\right)^2\right)\left(\alpha_{vPi+1,jk} + \frac{\pi}{2}\sqrt{1-\alpha_{vPi+1,jk}{}^2}\right) \qquad (解 4.4.14)$$

柱等の構造物の鉛直部材は弾性限界を超えた以降の繰り返し変形に対しても、累積損傷が軽微な内は、概ね復元して、第 ij 層間の使用性を保持することが実験的に知られている。本文式(4.4.7)の損傷度は、この性能を数値化する指標である。RC 造の弾性限界倍率の使用限界値の例としては、偏心ピロティ建物模型による大型震動台実験で得られた解表 4.4.4 の数値がある [3)]。

解表 4.4.4　弾性限界倍率の使用限界値の例

		数値	内容
使用限界	無補強（RC）	22	単位振動数は初期の 42%に低下、水平残留変位 1.1mm。ひび割れは、柱全体に渡って生じている。
	補強（RC+SRF）	180	約 180 の仕事量倍率を受け、振動の中心が徐々に水平方向に移動し、鉛直に沈下を生じて使用限界を迎えた。

（3）構造モデルの固有値解析によって得られた r 次固有モードベクトルの第 ij 層間の k 方向変位に対応する成分 $e_{dijk}{}^{(r)}$を用いて、本文(4.4.5)の各係数を表わすことができる。この内、層間変位伝達率は、4.1 節本文式(4.1.7)である。また、応答倍率の比は、4.3 節本文式(4.3.5)より、

$$\frac{\left(B_{vijk}{}^{(r)}\right)^2}{B_{aijk}{}^{(r)}} = \left(\frac{\omega_r \sum_{l=i+1}^{n+1} \left|e^{(r)}{}_{dljk}\right| m_{lj}}{\left|e^{(r)}{}_{d11}\right| \sum_{l=i+1}^{n+1} m_{lj}}\right)^2 \Bigg/ \left(\frac{\omega_r{}^2 \sum_{l=i+1}^{n+1} \left|e^{(r)}{}_{dljk}\right| m_{lj}}{\left|e^{(r)}{}_{d11}\right| \sum_{l=i+1}^{n+1} m_{lj}}\right) = \frac{\sum_{l=i+1}^{n+1} \left|e^{(r)}{}_{dljk}\right| m_{lj}}{\left|e^{(r)}{}_{d11}\right| \sum_{l=i+1}^{n+1} m_{lj}} = B_{dijk}{}^{(r)} \qquad (解 4.4.15)$$

であるので、変位応答倍率になる。また、速度のバンド幅指数は、

$$\alpha_{vijk}{}^{(r)} \equiv \frac{\omega_r}{\omega_r} = 1 \qquad (解 4.4.16)$$

であるから、

$$f\left(\alpha_{vijk}{}^{(r)}\right) \equiv \alpha_{vijk}{}^{(r)} + \frac{\pi}{2}\sqrt{1-\left(\alpha_{vijk}{}^{(r)}\right)^2} = 1 \qquad (解 4.4.17)$$

となる。以上より、本文式(4.4.13)が得られる。

第 Pij 層間の k 方向に生ずる累積非弾性変位 u_{sPij} は、本文式(4.4.13)で、$ij \to Pij$ として計算できる。

$$u_{sPijkm}{}^{(r)} = \frac{s_0 \sigma_{Ed}{}^2}{T_r e_{YPijk}} \left|h_{ePijk}{}^{(r)}\right| B_{dPijk}{}^{(r)} \exp\left(-\frac{1}{2}\left(\frac{e_{YPijk}}{\sigma_{Ed}\left|h_{ePijk}{}^{(r)}\right|}\right)^2\right) \qquad (解 4.4.18)$$

となる。ただし、T_r は r 次固有周期である。

【文献】

1） 五十嵐　俊一：収震、pp30～49, ISBN978-4-902105-33-9、構造品質保証研究所、2022.11

2） Igarashi, S. : Statistical Prediction of Sip Displacement due to Earthquakes, Master Thesis at The Massachusetts Institute of Technology, Jan. 1986

3） 1)と同じ、p168

４．５　現行基準の係数等との関係

現行基準の係数等の中には、本章で定義した指標と比較し得るものがある。ただし、比較に当たっては、構造物への地震作用を外力として表すという現行基準の規定には、多くの仮定条件が必要であり、その適用範囲は極めて限られたものであることを踏まえた上で、当該係数等が得られた力学モデル及び計算条件を確認する必要がある。

（1）4.2 節の第 1 層間震動周期は、設計用 1 次固有周期

$$T \Leftrightarrow T_{2\sim n+1,jkm}、T \Leftrightarrow T^{(r)}{}_{2\sim n+1,jkm} \quad (4.5.1)$$

と比較できる。また、第 3 章 3.4 節の第 ij 計測点の固有周期、及び固有値解析で得られた r 次固有周期も、間接的には、設計用 1 次固有周期

$$T \Leftrightarrow T_{ijkm}、T \Leftrightarrow T^{(r)} \quad (4.5.1a)$$

と関係づけられる

4.3 節の加速度分布係数は、地震層せん断力係数の高さ方向の分布を表わす係数

$$A_i \Leftrightarrow A_{aijkm}、A_i \Leftrightarrow A^{(r)}{}_{aijkm} \quad (4.5.2)$$

と比較できる。

4.3 節の加速度応答倍率は、現行基準の地震力規定で暗示されている加速度応答倍率

$$(2.5\sim3.0)\cdot R_t \Leftrightarrow B_{a1jk} \quad (4.5.3)$$

と比較できる。ただし、上 4 式で、k=x, or y である。また、R_t は振動特性係数である。なお、r は、固有モードの次数である。

（2）4.3 節のベース応力係数は、保有水平耐力に相当するベースシア係数

$$C_{Bk} \Leftrightarrow C_{Y1ijkm}、C_{Bk} \Leftrightarrow C^{(r)}{}_{Y1ijkm} \quad (4.5.4)$$

及び、耐震診断の累積強度指標 C_T、形状指標 S_D、および経年指標 T の積

$$(C_T S_D T)_k \Leftrightarrow C_{Y1ijkm}、(C_T S_D T)_k \Leftrightarrow C^{(r)}{}_{Y1ijkm} \quad (4.5.5)$$

と比較できる。

さらに、靭性指標に相当する値 F_{km} を介して、微動診断の構造耐震指標

$$I_{sijkm} \equiv C_{Y1ijkm}\cdot F_{ijkm} \Leftrightarrow I_{sik}、I^{(r)}{}_{sijkm} \equiv C^{(r)}{}_{Y1ijkm}\cdot F_{ijkm} \Leftrightarrow I_{sik} \quad (4.5.6)$$

を定義して、耐震診断の構造耐震指標と比較できる。

微動診断の木造住宅の上部構造評点

$$I_{pijkm} \equiv C_{Y1ijkm}/0.2 \Leftrightarrow I_{pik}、I^{(r)}{}_{pijkm} \equiv C^{(r)}{}_{Y1ijkm}/0.2 \Leftrightarrow I_{pik} \quad (4.5.7)$$

を定義して、耐震診断の構造耐震指標と比較できる。
　ただし、上4式で、k=x, y である。なお、r は、固有モードの次数である。

【解説】収震設計法と現行の建築物に関する耐震基準、耐震診断基準等（以下、現行基準という）に示される設計法、診断法は、構造解析における地震作用の表現法、座標系、モデル化、及び得られる数値の扱いにおいて大きな違いがある。主な相違は次の点である：

(1) 現行基準では、地震作用は地震力と呼ばれる構造物の各部分に質量に比例して作用する外力で表されている。静的構造計算の地震力は慣性抵抗に、動的計算に用いる地震力は慣性力に相当する。両者は混同され、実在しない架空の力であるが、実在する力であると考えられている。計算結果は、少数以下数桁まで問題にされ、基準値を上回るか否かにより、判断が大きく分かれる。

　収震設計法は、地震作用は、構造物周辺の地盤の変位であるが、地盤は、3 次元空間に半無限の広がりを持って存在するものであるので、この変位を数値化することは困難であるとの認識に立つ。収震性、安全性は多数の数値で評価されるものであり、数値の多寡のみでの設計判断は行わない。

(2) 現行基準では、対象構造物に対して、地震力算定用の単純なモデルと、応力計算、保有水平耐力計算、時刻歴応答解析等の構造計算に用いられる複雑なモデルの2種類を当て嵌めて両者の整合性を取らない2重構造となっている。これに加えて、静的構造計算は、弾性モデルで計算した応力に釣り合う慣性抵抗を入力として非弾性応力を計算させるという矛盾した自己撞着構造となっている。座標系は、地震力を算定する加速度時刻歴を生ずる点を原点とする非慣性系であるが、慣性系であると考えられている。通常、構造物は、一方向にのみ運動し変形するものとして扱われる。

　収震設計法は、構造物を3次元空間に存在する連続体として捉え、有限個の接点の変位等によってその運動と変形を記述する。座標系は、構造物と周辺地盤の近傍の空間上に原点を持つ、地球表面と共に運動する座標系であり、ほぼ慣性系である。

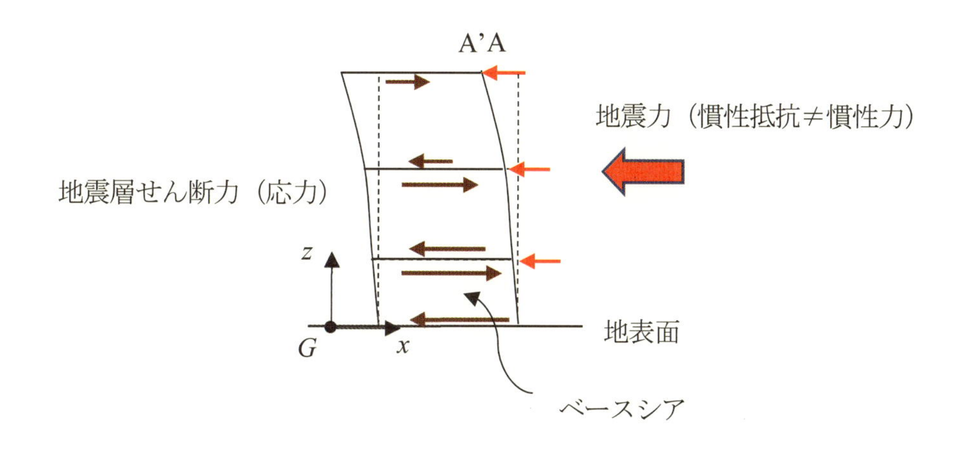

解図 4.5.1　現行基準の地震作用、構造モデル及び座標系

解図 4.5.1 には、現行基準の地震作用、構造モデル及び座標系を模式的に描いている。破線が地震発生前の構造物である。地震作用は、地震力と呼ばれる外力で表される。静的計算では、構造物の高さ、材質、基礎直下の地盤の種別、重量分布等から計算される係数に支持する重量を乗じて計算される。動的計算においては、地震力は、規定された加速度時刻歴（地動加速度）に各部分の質量を乗じて計算するように規定されている。これらを図に示したような構造モデルの各部分に荷重として与えて、各層間の応力や変形を計算して、これが設計範疇に収まるように構造諸元が決定される。通常は、各層には図の x 方向の併進変位の自由度しか与えられない。

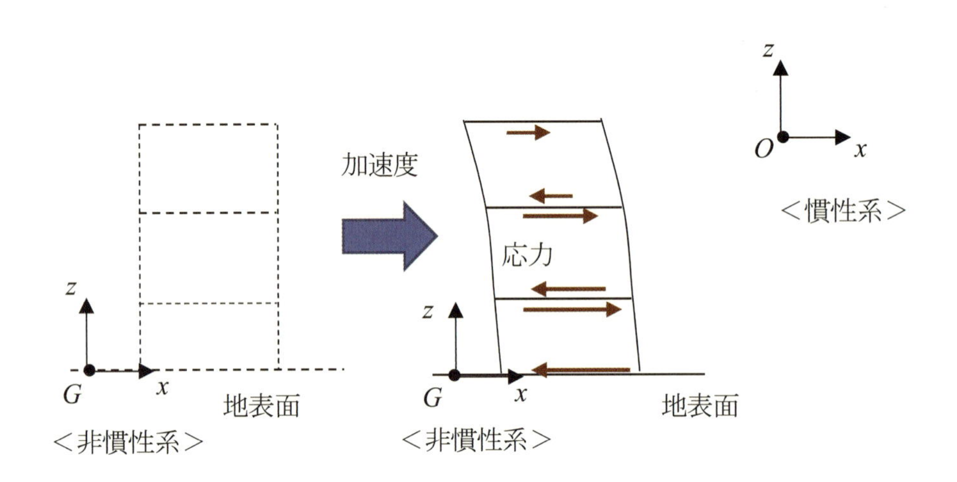

解図 4.5.2　現実の地震作用と慣性系、及び非慣性系

解図 4.5.1 のようにモデル化した構造物が現実の地震を受けた場合を模式的に解図 4.5.2 に描いた。地震が地表面を、左の破線の位置から、右の実線の位置に加速度運動させた瞬間である。現実には、地表面は、水平だけでなく上下方向にも移動し、回転も伴うが、簡単の為に水平方向にだけ移動した場合を描いている。各層には加速度が生じ、各層間は変形しこれに応じた応力が発生する。しかし、前図 4.5.1 のような外力は生じない。構造物の各部分に質量に比例する外力を掛けることは、万有引力以外には不可能である。

前図では、地表面が全く動いていない。解図 4.5.2 に描いたような現実の地震では、地表面が全く動かないのに、建物が変形することはあり得ない。以上の非現実性は、地震力が実在しないことを示している。では、地震力とは何であろうか。

現行の耐震基準（新耐震基準）の静的計算に用いられている地震力は、当該建築物の当該高さに応じ、当該高さの部分が支える部分に作用する全体の地震力（X_i とする）として計算するものとされており、固定荷重と積載荷重との和（Σw とする）に、当該高さにおける地震層せん断力係数

$$C_i = ZR_tA_iC_0 \qquad \text{(解 4.5.1)}$$

を乗じて計算すると規定されている [1]。即ち、

$$X_i = (\Sigma w)C_i = (\Sigma w)ZR_tA_iC_0 \tag{解 4.5.2}$$

である。式(解 4.5.1)に定義された C_i の第 1 因数 Z は地域係数であり、地域に応じて、0.7～1.0 の値が指定されている。第 4 因数 C_0 は、標準せん断力係数であり、0.2 以上とし、保有水平耐力計算では、1.0 以上とすると規定されている。第 2 因数は、振動特性係数

$$R_t = 1 \ ; \ T \le T_c \tag{解 4.5.3a}$$

$$R_t = 1 - 0.2\left(\frac{T}{T_c} - 1\right)^2 \ ; \ T_c \le T \le 2T_c \tag{解 4.5.3b}$$

$$R_t = \frac{1.6T_c}{T} \ ; \ 2T_c \le T \tag{解 4.5.3c}$$

と呼ばれており、地盤の特徴を表す数値 Tc をパラメータとして、建築物の設計用一次固有周期 T の一価関数として、上式(解 4.5.3a)～(解 4.5.3c)で与えられている。第 3 の因数 A_i は、地震層せん断力係数の建築物の高さ方向の分布を表わすものと呼ばれており、上記の T と、建築物の重量分布から計算した係数 α_i の関数として、

$$A_i = 1 + \left(\frac{1}{\sqrt{\alpha_i}} - \alpha_i\right)\frac{2T}{1+3T} \tag{解 4.5.4}$$

と計算する算式が規定されている。ただし、α_i は、基準化重量と呼ばれ、地震力を算定する高さの部分が支える部分の固定荷重と積載荷重との和を当該建築物の地上部分の固定荷重と積載荷重の和で除したものであり、α_1–1、即ち、A_1=1 となる。

新耐震基準の制定に関わった専門家の解説書には、上記の地震力はすなわち慣性力であるとして、質量×加速度で表せる。この加速度は建物の揺れ方に応じて変化する。地震が建物に地震力を生ずることは、恰も、自然の法則であり、建物の高さ等からこれを計算することができるかのような説明がなされている [2)]。これは、ほぼすべての専門家の共通理解であり、教室でも、このように教えられている。しかし、慣性力は、動いている観測点から見ると、周りの物が動いて見えるという現象を数式で表現したときに、周りの物に働いているように見える力である。英語では、*fictitious force* と呼ばれる架空の力に過ぎない。観測点が回転しない場合には、観測点の加速度に周りの物の質量を乗じて負号を付したものに等しくなる。例えば、観測点を解図 4.5.1 及び解図 4.5.2 の地表面上の点 G であるとし、これが加速度 a_G で運動した場合にこの点から見る、則ち、この点を原点とする座標系 G で運動を記述すると、建物の各部分には、実際に作用している力の他に、

$$f_F = -ma_G \tag{解 4.5.5}$$

なる力が作用しているような運動をするという架空の力である。建物のある部分に実際に作用している力の合力を f とすれば、運動方程式は、

$$f + f_F = ma \tag{解 4.5.5a}$$

となる。

解図 4.5.1 は、解図 4.5.2 に示した運動を、地表面に固定した座標系 G から見た（座標系 G で記述した）場合の図であり、慣性力は、同図の構造物を振動させている原動力のように見える力である。しかし、解図 4.5.2 の右上に描いた慣性系 O から構造物と地盤を見た（座標系 O で記述した）場合には表れない力である。ただし、観測点 G が慣性系に対して回転を伴って運動した場合には、上記の力の他に回転角速度、角加速度、及び対象物の観測点からの距離等による慣性力（回転慣性力）を受けたような運動に見える。これらは、コリオリの力、遠心力、オイラー力と呼ばれるが、いずれも、実際に作用する力ではない [3),4)]。

一方、式(解 4.5.1)以下に規定されている地震力は、固定荷重と積載荷重との和という重量的なもの、則ち、（質量×重力加速度）的なものに係数を乗じて得られている。この点では、慣性力に似ているが、慣性力であれば、乗ずる係数は、観測点の慣性系で測った加速度 a_G である。これは、対象物の 1 次固有周期によって変化したり、各部分によって変化したりすることはない。従って、地震力計算式の振動特性係数 $R_t=1$、層せん断力係数の高さ方向の分布係数 $A_i=1$ とならなければならない。即ち、これらの係数は必要なくなる。

上記の専門家の解説書によれば、「大地震の標準せん断力係数 $C_0=1.0$ は、地動加速度を 0.33G～0.4G、短周期建物の地震応答倍率を 2.5～3 と考えて定められた。振動特性係数 R_t の形状は計測地震動の加速度応答スペクトルの形状を基本に、固有周期ゼロでも加速度応答倍率を考慮することとして定められた。A_i は、震度一様分布を表す定数 1 と震度逆算三角形分布を表す$(1-\alpha_i)$、更にホワイトノイズを受けるせん断棒の応答として求められる超高層の鞭振り現象を表す分布$\sqrt{\alpha_i}$ を周期によって組み合わせたものである。」とのことである [5)]。即ち、加速度応答スペクトル（想定地震動に対する 1 自由度系の応答を計算して得た加速度を、その固有周期に対してプロットしたもの）を用いて 1 階の支持する部分の応答加速度を決めて、R_t と C_0 で表し、弾性せん断棒の加速度分布等を参考に各階に振り分けるように A_i を定めたとのことである。この説明と式(解 4.5.1)以下から、新耐震基準の静的計算に用いられている地震力は、慣性力ではなく、新耐震基準が想定する地震動に対する当該高さの部分が支える部分の慣性抵抗、即ち、その部分の想定地震動に対する応答加速度と質量の積を基本に、地域係数などを乗じたものであるということになる。

慣性抵抗

$$f_I = -ma = -f \qquad \text{(解 4.5.6)}$$

とは、物体の運動方程式

$$f = ma \qquad \text{(解 4.5.6a)}$$

を静的つり合い式

$$f + f_I = 0 \qquad \text{(解 4.5.6b)}$$

と見立てる場合に使われる仮想的な力 f_I である。ただし、物体の質量を m、加速度を a、これに実際に作用する力の合力 f をとしている。

式(解 4.5.1)以下によれば、一階が支える部分に作用する全体の地震力は、

$$X_1 = (\Sigma w) C_1 = (\Sigma w) Z R_t C_0 = (\Sigma m) G Z R_t C_0 \quad (解 4.5.7)$$

である。これを、式(解 4.5.6)の慣性抵抗 f_I と等値し、$m=\Sigma m$ であるとし、負号を無視すれば、

$$Z R_t C_0 = a / G \quad (解 4.5.8)$$

となる。即ち、振動特性係数 R_t、標準せん断力係数 C_0 及び地域係数 Z の積は、一階が支える部分の応答加速度を重力加速度 G で除したものであることになり、上記専門家の説明と符合する。

保有水平耐力計算では、C_0 を 1.0 以上とすると規定されているので、$Z=1$ とし、$R_t=1$ であるような短周期建築物（$T<T_c$）では、

$$a \geq 1.0G \quad (解 4.5.9)$$

となる。現行基準の解説書の保有水平耐力の項には、「建築物に要求すべき最終的な水平方向の抵抗力を必要保有水平耐力というとき、その大きさを地震力によって生ずる水平力 Q_{ud} とし、弾性応答 1G の水平力としている」との記載があり[6]、地震力は慣性抵抗であるとの上記の推論を裏付ける。

以上より、現行基準の静的計算の地震作用表現を模式的に示した解図 4.5.1 で、太い左向きの矢印で描いたものが当該高さの部分が支える部分の地震力であり、慣性抵抗であることが判明した。これは、式(解 4.5.6)～(解 4.5.6b)に示される通り、その部分の応答加速度と質量の積に負号を付したものとなると同時に、その部分に作用する力の合力に負号を付したものである。建築物に風などの外力が作用しておらず、各階の上、下層に作用するせん断力が互いに釣り合うとすれば、同図に示すように、当該高さの部分が支える部分の各階のせん断力の合力は、当該高さの部分のせん断力に負号を付したものに等しくなる。当該高さを一階の真ん中の付近の高さとすれば、一階のせん断力、則ち、ベースシアに等しくなる。

式(解 4.5.5)、(解 4.5.5a)、(解 4.5.6)、及び(解 4.5.6b)より、座標系 G から見た運動方程式は、

$$f + f_F = ma、\ f_F = -m a_G \quad (解 4.5.9a)$$

であり、これを静的問題に置き換えると

$$f + f_F + f_I = 0、\ f_I = -ma \quad (解 4.5.9b)$$

となる。慣性力 f_F と慣性抵抗 f_I は、常に等しくはならない。等しくなるのは、$f=0$ であるか、$a=a_G$ である場合である。則ち、作用力が小さいか、構造物がほぼ地盤と同じ動きをする場合に限られる。

建築物の応答加速度やせん断力は、入力地震動と構造モデルと計算法を決めて、応答計算を行った結果初めて求まるものであり、予め与えることはできない筈である。これが、求まるということは、構造物の諸元が決まったことになり設計が終わっていることになる。しかし、新耐震基準は、これを、加速度応答スペクトルを計算する構造モデルである 1 自由度系と、高さ方向のせん断力の分布を計算する構造モデルであるせん断棒という単純な構造モデルを用いて決めてしまっている。このようにして得られた、言わば、自分自身の応力に釣り合う慣性抵抗を、複雑な構造モデルに荷重として与えて、応力を計算させるという、自己撞着構造であり、１つの構造物に簡単な構造モデルと複雑な構造モデルの２つを当て嵌めて互いの整合性を取らないという 2 重構造である。さらに、地震力算定用の弾性

構造モデルで得た外力分布で、保有水平耐力計算と呼ばれる複雑な非弾性応力・非弾性変形計算を行うという矛盾した構造である。物の非弾性変形と非弾性応力には、運動方向以外の方向の応力や変形が大きく影響することは広く知られた事実である。これを、解図 4.5.1 に概念的に示したような一方向の変形と応力しか考慮できない構造モデルで非弾性計算を行うこと自体が非現実的なものである。

超高層建築物等の構造計算においては、地震力は、地震動の加速度時刻歴から計算する旨の規定がある。同基準に規定されている運動方程式を用いる計算法から、この地震力は慣性力であると考えられる [7]。なお、同基準解説書には地震動は、規定された応答スペクトルを描くものであるとされている [8]。従って、地震動そのものではなく、同基準が設定した単純な構造モデルである 1 自由度系に生ずる応答により、地震力が規定されているという点では、保有水平耐力計算等の構造計算における地震力と同様である。また、地震力という用語が、慣性力と慣性抵抗の両義に用いられているという点で同基準は一貫性を欠いており、誤解を招くものである。

超高層ビル等の設計には、慣性力を外力とする計算が用いられている。しかし、この架空の外力に対して計算される変形や応力は、動く観測点、例えば、解図 4.5.1 の地表面上の点 G から見たもの、則ち、点 G を原点とする運動する座標系で記述した変位等であり、現実の変形や応力、則ち、慣性系で記述した変形や応力ではない。現実の地震では、揺れは地面から基礎を伝わって構造物に入り構造物内で反射して地面に帰る波動であるが、時刻歴応答解析では、計算が始まると構造モデル内のすべての点が架空の力である慣性力の作用を受けて一斉に動き出す。現実に動いているのではなく、観測点 G が加速度運動するので、一斉に動いて見えるだけである。しかも、観測点 G と地表面は動かない。地盤と構造物の相互作用を計算する場合には、地盤バネを導入するので、基礎や地表面も動く計算になるが、この場合は、バネの固定端が観測点 G と地表面に相当する慣性力 f_F を計算する点、則ち、式（解 4.5.5）の加速度 a_G で運動する点である。現行基準では、これを点ではなく、開放工学基盤面と称し、相当広い範囲に渡って地盤バネの固定点設ける計算が行われているが、このモデルに慣性力を外力として応答計算を行うことは、開放工学基盤面全体が同一加速度で、慣性系に対して水平方向に運動するような計算を行うことであり、極めて非現実的な応答計算になる。見かけ上は、巨大な領域であるが、実質的には、1 質点系と見做せる架空の領域である [9]。

架空の力である慣性力は、モデル内に、各部分の質量に比例する架空のエネルギーを供給し続けるので、モデルは恰も原子炉の中のような状態になり、このエネルギーを捨てないと解が発散してしまう。この問題は、計算式に、減衰項を設けることで解決されている。減衰項は原子炉の冷却水のような役割を演ずる。応答スペクトルの計算に用いる 1 自由度系から複雑な構造モデルまで、時刻歴応答解析では必ず減衰項が設けられている。減衰項が生み出す減衰力も架空の力である。このため、時刻歴応答解析は、減衰力の大きさを決める減衰定数の操作で結果が左右されるという恣意性を有する非現実的なものになっている。現実の構造物は地震が起こると震動し、地震が終われば震動は減衰するが、この震動も減衰も、現実の力によるものであり、慣性力や減衰力という架空の力によるものではない。現行基準の時刻歴応答解析は、慣性力という架空の力を外力として、減衰力という架空の力が計算上消費するエネルギーで解が発散することを防ぎつつ、慣性系に対して加速度運動をする非慣性系を用いて変形や運動を記述することで、大規模な空間の非線形解析を行うものである。これは、以上のような非現実性と恣意性を持つ。

地震動で構造物がどのように揺れるかという計算を、慣性力や慣性抵抗を用いて行うことは、20 世紀初頭から行われていた。しかし、当初は、方法の力学的な背景は明確に認識されていた。式(解 4.5.5)と(解 4.5.6)を比較すれば、適用する範囲を小規模な構造物や剛な構造物に限れば、地面の加速度 a_G と構造物の加速度 a がほぼ等しくなり、慣性力 f_F は近似的に慣性抵抗 f_I に等しくなることが分る。従って、地盤の震動により、構造物が振動するという問題が、慣性力を用いて、外力によって振動するという問題に置き換えられ、加速度運動するという動的な問題が、慣性抵抗を用いて、静的計算に置き換えられる。これが、佐野利器（1880-1956）の提唱した震度法である。地震作用を表わす架空の外力は震力と呼ばれており、地震動の最大加速度を重力加速度で除したものであると定義されていた [10)]。これに対して、真島健三郎（1873-1941）は、慣性力を用いた動的解析による設計を提唱している [11)]。両者とも、材料や荷重には、大きな安全率を用いて設計していた。真島が設計した在日米軍横須賀基地の旧横須賀鎮守府庁舎（鉄骨造 3 階、2227m^2、1926 年 10 月竣工）、及び旧横須賀海軍病院庁舎、及び兵舎（鉄骨造 2 階、2006m^2、1928 年竣工）は実存している [12)]。

日中戦争、太平洋戦争による物資欠乏を受けて、耐震基準の荷重は削減され、材料安全率はほぼ無くなった [13)]。しかし、新耐震基準の制定当時は、係数等は当時までに観測された地震動に配慮して安全側に決められたと考えられる。しかし、最近では、慣性力を外力とする動的計算が、300m を超える超高層、あるいは地盤と構造物を含めた大規模な計算にまで適用されている。

以上のように、現行基準の耐震構造計算は地震作用を、静的計算では慣性抵抗で表し、動的計算では慣性力という、いずれも実在しない力で表していながら、両者を地震力と呼んで混同し、恰も実在する力を用いた計算であるかのように説明しているという大きな問題を含んでいる。さらに、静的計算の地震力である慣性抵抗は、設計が終了して構造物の諸元が決定されなければ知り得ない応答加速度から計算されている。また、動的計算の地震力である慣性力は、運動を記述する非慣性系の原点の加速度から計算されるものであるが、これを開放基盤面という広い領域であるとしている。これらの点で、現行基準の構造計算は自己撞着的であり、非現実的である。

構造物への地震作用は地盤の震動によるものであり、これを外力として表すには、以上に述べたように、多くの仮定が必要である。現行基準の適用範囲は、静的計算においては現行基準が規定する地震力を生ずるような構造物に限られ、動的計算においては、地盤と構造物がほぼ同じ運動をする場合に限られる。しかし、その中に用いられている係数等の中には、得られた過程、意味などから、収震設計の指標値と比較し得るものがある。

（1）4.2 節の第 1 層間震動周期は、構造物を 1 自由度系であると見立てた場合の固有周期であると考えれば、現行基準の建築物の設計用一次固有周期 T と比較できる。なお、第 3 章 3.4 節の第 ij 計測点の固有周期は、その計測点の振動速度の中心周期であり、その計測点の加速度と変位を関係づけるものであるという点から、また、固有値解析で得られた r 次固有周期は、そのモードにおいては、構造モデルの各接点、則ち、計測点のこの周期で正弦振動するという観点から、間接的には、耐震設計で用いている設計用 1 次固有周期と関係づけられる。

4.3 節の加速度分布係数は、構造物の各層間（階）が支持する部分の加速度分布を表わすものであるので、現行基準の地震層せん断力係数の高さ方向の分布を表わす係数 A_i と比較できる。4.3 節の加速度応答倍率は、前記専門家の解説「大地震の標準せん断力係数 $C_0=1.0$ は、地動加速度を 0.33G～0.4G、短周期建物の地震応答倍率を 2.5～3 と考えて定められた。振動特性係数 R_t の形状は計測地震動の加速度応答スペクトルの形状を基本に、固有周期ゼロでも加速度応答倍率を考慮することとして定められた。」[5] に述べられているものと比較できる。ただし、現行基準の地震力算定では、構造物を 1 自由度系に単純化しているので、方向性がない。そこで、収震構造物の設計指標の各軸、各水平成分の内、何れかを取るか、平均を取るなどして比較することになる。

（2）保有水平耐力は、新耐震基準で設けられた指標であり、当該建築物の一部または全体が、地震力の作用によって崩壊形（崩壊メカニズム）を形成する場合（特定の部材の破壊により鉛直荷重によって局部的な崩壊を生ずる場合を含む）において、各階の柱、耐力壁及び筋かいが負担する水平せん断力の和として求められる値であると解説されている [14]。4.3 節のベース応力係数の水平成分は、ある階が弾性限界に達した場合の一階のせん断力を支持する重量で除した値であるので、上記の崩壊形（崩壊メカニズム）を形成する応力状態を弾性限界状態であると見れば、保有水平耐力時のベースシア係数と比較することができる。

RC 造及び SRC 造の耐震診断基準では、ある層間のある水平方向の耐震性能を、構造耐震指標

$$I_s = \Phi_i \cdot C \cdot F \cdot S_D \cdot T = C_T \cdot S_D \cdot T \cdot F \qquad \text{(解 4.5.10)}$$

により評価している。ただし、Φ_i は外力分布補正係数（$\Phi_i=1/A_i$ とできる）、S_D は形状指標、T は経年指標であり、F は靭性指標である。ここで、C は強度指標であり、これは、保有水平耐力時のせん断力係数、即ち、せん断力を支持する重量で除した値は強度指標に等しいとできると解説されている [15]。また、形状指標 S_D、および経年指標 T は、建築物の不整形性と経年劣化による振動の増幅を表す指標であるので、この影響も、微動診断のベースシア係数には含まれていると考えて、4.3 節のベース応力係数は、累積強度指標 C_T、形状指標 S_D、および経年指標 T の積と比較できる。さらに、(解 4.5.10)の靭性指標 F に相当する値 F_{km} を推定すれば、i 階 k 方向の構造耐震指標 I_{sik} と比較し得る指標 I_{sijkm} を本文式（4.5.6）で定義することができる。

木造の耐震診断法の解説書によれば [16]、建築基準法施行令に準じて、必要保有水平耐力を式(解 4.5.1)で計算した地震層せん断力係数に調整係数 0.2 と、当該階から上にある層の全重量を乗じて求め、これと木造の耐震診断法に従って計算された保有する耐力の比を上部構造評点とすると規定されている。従って、上記の必要保有水平耐力に相当するベースシア係数は 0.2 であるとして、これと微動診断で得られたベースシア係数の比によって、微動診断の上部構造評点

$$I_{pijkm} \equiv C_{Y1ijkm} / 0.2 \qquad \text{(解 4.5.11)}$$

を定義し、木造の耐震診断の上部構造評点と本文(4.5.7)のように比較することができる。

【文献】

1) 全国官報販売協同組合：2020年版建築物の構造関係技術基準解説書、pp296 ～307、2020年11月

2) 石山祐二：耐震規定と構造動力学 pp9～25、三和書籍、2008年3月

3) 戸田　盛和：物理入門コース　力学、pp190～226、岩波書店、1982年11月～2019年1月

4) A.P.フレンチ著、橘高知義訳：MIT　物理　力学、pp218～248、培風館、1983年9月～1995年10月

5) 2）と同じ、pp37～48

6) 1) と同じ、pp340～342

7) （一財）日本建築センター：性能評価を踏まえた超高層建築物の構造設計実務、pp7～21、2019年7月

8) 1)と同じ、pp487～292、2020年11月

9) 五十嵐　俊一：収震、pp57～65、ISBN978-4-902105-33-9、2022.11

10) 佐野　利器：「家屋耐震構造論」 上編　第1章　第1節、1916年

11) 真島健三郎：地震と建築、pp33～34、p108、丸善株式会社、1930年6月

12) 山中美穂、藤本利昭、水野僚子、河地駿介：在日米軍横須賀基地内に実存する柔構造に関する研究　その1～2 、日本建築学会大会学術講演概要集、2018年9月

13) 大橋雄二：建築基準法の構造計算規定及びその荷重組み合わせと長期・短期概念の成立過程、日本建築学会構造系論文報告集　第424号 pp1-10、1991年6月

14) 1)と同じ、pp340～342

15) （一財）日本建築防災協会:2017年改訂版　既存鉄筋コンクリート造建築物の耐震診断基準　同解説、pp229～230、2017年9月

16) （一財）日本建築防災協会：2012年版木造住宅の耐震診断と補強方法、pp55～104

４．６　構造物の危険性に関する指標

構造物が、人命に危害を及ぼす危険性は、構造物を部分空間に分け、それぞれの危険事象を抽出し、危険度指標を計算することにより数値化できる。構造物の破壊に関わる危険度指標には以下がある。

（１）部分空間 c の内部空間が大きく減少することによる危険性は、倒壊危険度

$$I_{fc}\left(R_{dp}\right) \equiv \max_{p \in c}\left(\frac{N_{sp}}{N_{up}}\right) \tag{4.6.1}$$

によって評価できる。ただし、N_{up} 及び N_{sp} は、横架材の破壊、横架材と鉛直部材の接合部の破壊も含めた鉛直部材 p の軸耐力、及び地震時の作用軸力の最大値、R_{dp} は設計せん断変形角であり、通常は 1/10 程度としている。なお、鉛直部材 p の作用軸力を他の鉛直部材が負担できる場合には、最大値の集計から除くことができる。

（２）部分空間 c に属する部材の一部が崩落することによる危険性は崩落危険度

$$I_{bc}\left(a_{de}\right) \equiv \max_{e \in c}\left(\frac{P_{be}}{Q_{be}}\right) \tag{4.6.2}$$

によって評価できる。ただし、a_{de} は部材 e を囲む部分空間の加速度の設計値である。また、P_{be} 及び Q_{be} は、この加速度によって生ずる崩落荷重と復元力の最大値である。なお、部材 e の一部または全部が崩落しても、人命に危害を及ぼす可能性がないと考えられる場合には最大値の集計から除くことができる。

（３）部分空間 c に属する仕上げ、設備等が落下あるいは転倒することによる危険性は落下危険度

$$I_{dc}\left(a_{de}\right) \equiv \max_{e \in c}\left(\frac{P_{de}}{Q_{de}}\right) \tag{4.6.3}$$

あるいは、転倒危険度

$$I_{tc}\left(a_{de}\right) \equiv \max_{e \in c}\left(\frac{hP_{te}}{HQ_{te}}\right) \tag{4.6.4}$$

によって評価できる。ただし、a_{de} は仕上げ、設備等 e を囲む部分空間の加速度の設計値である。また、P_{de}、P_{te} 及び Q_{de}、Q_{te} は、この加速度によって生ずる落下・転倒力と復元力の最大値である。h は、転倒運動の支点から転倒荷重までの距離、H は、支持力までの距離である。なお、仕上げ、設備 e が落下転倒しても、人命に危害を及ぼす可能性がないと考えられる場合には最大値の集計から除くことができる。

【解説】構造物が、人命に危害を及ぼすことは、多くの事象によって引き起こされる。例えば、構造物が全体として大きく傾斜し、周囲の構造物を押しつぶして中に居た人が死傷した事例もある。収震設計では、このような危険性を排除せず、周辺への波及被害を防止する措置を、建設計画時点において講ずることとしている。本節の危険性は、構造物の内部の人に対するものである。これは、構造物を部分空間に分け、それぞれの危険事象を抽出し、危険度指標を計算することにより数値化できる。

例えば、ビル等の建築物においては、次の事象が考えられる：

① 仕上げ、設備、什器備品等が崩落、落下、転倒して人にぶつかる。

② 構造物が全体として転倒し、人に衝撃が加わる。

③ 接合部が外れて、鉛直部材が転倒するか、梁が落ちて、人にぶつかるか、構造物の内部空間が大きく減少し、人が挟まれる。

④ 鉛直部材が座屈あるいは圧潰して、支持力を失い構造物の内部空間が大きく減少し、人が挟まれる。

⑤ 人が逃げ出そうとして飛び降りたり、互いにぶつかったりする。

⑥ ガス漏れによる中毒、感電、爆発等が生ずる。

⑦ 火災によるやけど、呼吸困難等が生ずる。

⑧ 上記の各事象が生じたことによる混乱から生ずる群衆雪崩等。

この内、①～④は、構造物の破壊に関する力学的な現象であり、構造物のある部分における非弾性変形の駆動力と、これに対する復元力の比によって、危険性を数値化する指標値が定義できる。

以上の概念は、今世紀初頭に提案され、RC 系建築物に関しては、既に多数の使用実績がある。この内、本文式(4.6.1)の倒壊危険度（I_f値）を設計指標とする高弾性材料補強(SRF 工法)による改修設計・工事は、2003 年 4 月以降、20 年以上に渡り、約 500 棟の建物に用いられており、東日本大震災等の近年の大地震で、全てが倒壊しないことはもとより、揺れも少なくほぼ無被害で使用継続しているという実績がある[1),2)]。

（１）本文式(4.6.1)の倒壊危険度は、構造物の内部空間を支持する鉛直部材が、地震時に作用する最大軸力（地震時軸力）を保持することの検定比であり、上記の③及び④の事象が生ずる危険性を数値化する指標である。地震時に生ずると考えられる変形（R_{dp}）の下で、部分空間 c を支持するある柱 p の軸耐力と地震時軸力の比を計算し、部分空間 c を支える柱全部の最大値をもって、この部分空間の倒壊危険度とする指標値を計算している。ただし、鉛直部材 p の軸力が軸耐力を上回っても、周辺の鉛直部材が代わって軸力を負担できれば、最大値の集計から除くこととする。地震時軸力の算定、及び RC 系柱の軸耐力の算式は、マニュアル、設計・施工指針として刊行されている[3)、4)、5)、6)]。

この指標は、木造にも適用可能であるが、木造架構を支持する柱の軸耐力は材料強度と形状寸法等から算定するか、試験によって求める必要がある。

（２）本文式(4.6.2)の崩落危険度は、構造物の部分空間 c の部材の一部が崩落して人命に危害を及ぼす危険性を評価する指標である。地震時に生ずると考える加速度 a_{de} の下で、その部材 e のある部分に作用する崩落力と復元力の比を計算し、部分空間 c に属する部材全部の最大値をもって、この部分空間の崩落危険度とする指標値を計算している。

崩落を生じようとする瞬間には、崩落する部分は部材と一緒に運動していると考えられるので、これを防止しようとする機構に作用する崩落力は、

$$P_{be} = M_e\left(\alpha_p a_{de} + g\right) \qquad \text{(解 4.6.1)}$$

となると考えられる。ただし、g は重力加速度、M_e は崩落危険部位の質量であり、どのような部分が崩落する可能性があるかを判断して決める。これは部材を構成する材料の密度に崩落危険部位の体積を乗じて得られる。また、崩落危険部位は剛体と仮定できる場合には、崩落加重は重心に作用するとして計算することができる。また、α_p は部材 p の加速度応答倍率である。復元力 Q_{be} については、設置する崩落防止機構に応じて、試験と理論を組み合わせた算定式を作成することができると考えられる。

（3）本文式(4.6.3)の落下危険度、及び本文式(4.6.4)の転倒危険度は、対象施設の部分空間 c に属する仕上げ、設備等が落下あるいは転倒して人命に危害を及ぼしたり、設備機器を損傷したりする危険性を評価する指標である。落下危険度に関しては、落下する危険性のある物に対して、崩落危険度と同様に計算することができる。転倒危険度は、支点を仮定して転倒モーメントと復元モーメントの比で評価する方法である。

以上の指標に関する各種の計算例が刊行されており、高弾性材料補強（SRF 工法）による RC スラブ、梁、CB 壁等の崩落防止補強設計、天井材等の落下防止設計に用いられている[7)、8)]。

【文献】

1）　五十嵐　俊一：包帯補強、pp47～63、ISBN978-4-902105-21-6、2009.4

2）　五十嵐　俊一：収震、pp104～115、pp177～188、ISBN978-4-902105-33-9、2022.11

3）　構造品質保証研究所：SRF 研修会資料　テーマ 1、pp41～53、2022 年 5 月

4）　2) と同じ、pp106～110、pp114～115

5）　構造品質保証研究所株式会社：SRF 工法 設計施工指針と解説　2015 年版第 2 刷、pp196～201、2020 年 3 月

6）　構造品質保証研究所株式会社：SRF 工法設計・施工指針　同解説、（一財）建築防災協会技術評価版、第 5 次改定、pp5-51～5-67、2022 年 11 月

7）　5)と同じ、pp129～131

8）　構造品質保証研究所株式会社：2015 年改訂版 包帯補強(SRF 工法)による崩落防止および落下・転倒防止 計算例、2015 年 10 月

第5章　高弾性材料補強

5．1　効果

高弾性材料補強は収震性を高める機能とフェイルセーフ機能を合わせ持つ。具体的には以下の効果が期待できる。

(1) 整震、及び弾性的変形限界向上

(2) 大変形下の一体性保持、及び軸力支持能力確保

(3) 倒壊防止、崩落防止、及び落下・転倒防止

【解説】高弾性材料（*high elasticity material*）とは、弾性限界の大きな材料である。主要構造材料として一般的に使われている鉄、コンクリートは、僅かなひずみで塑性化したり、破壊するので、高弾性材料とは言えない。耐震補強に用いられている炭素繊維は、弾性係数が高いので、高弾性係数材料（*high modulus material*）であるが、高弾性材料ではない。構造用接着剤の定番であるエポキシ樹脂も同様である。ポリエステル繊維を織製して、しなやかな補強材（SRF 補強材）が製造されている。これは、10%以上のひずみまで破断せず、概ね弾性を保つので、建設分野では、高弾性材料と呼べる。ウレタン系の接着剤も接着面の 1mm 程度のせん断変位まで剥離せず弾性的に復元するので、同様である。SRF 補強材を部材、仕上げ等の表面、あるいは、接合部、取り付け部に、一液性ウレタン接着剤で設置する補強工法は、SRF 工法と呼ばれており、既に 20 年以上の実績があり、木造、RC 系に関する総合的な設計施工指針と解説が刊行されている[1]。

SRF 補強材、及び SRF 接着剤の品質管理法、製造法の信頼性、耐久性、補強した部材、あるいは接合部の力学的性能に関して、各種の試験で確認され、公的機関の技術評価及び審査を受け、評価版の設計・施工指針[2]、及び審査証明報告書[3]が発行されている。ただし、文献 1)及び 3)では、高弾性補強材は高延性材、高弾性接着剤は高靭性接着剤と旧名称で呼ばれている。

高弾性材料補強（SRF 工法）は、収震性向上とフェイルセーフの一石二鳥の機能が期待できる補強法である。具体的には、次の効果が期待できることが、実験、実測、震災の無被害事例で確認されている[4]。

（1）整震、及び弾性的変形限界向上

整震とは、構造物の震動形状が無理のないものになることで収震性が向上する効果である。これは、固有震動形状のいびつさが少なく、滑らかになることに現れる。高弾性材料で、震動の要となる柱、壁を補強すること、あるいは、独立柱を多数補強することで、大震災時に揺れが少なく被害が無かったこと[5]から発見された効果である。

現実の構造物には、構造モデルの数値解析では捉えられない固有震動形状のいびつさが生じ得る。これは、部材にはそれぞれ個性があることに起因する。同じ諸元の柱であっても、工事経過等で品質

にばらつきが生ずる。竣工後に生ずる乾燥収縮、自重、地震等による影響等により、生ずるひび割れ、損傷に差異が生じ、剛性に個体差が生ずる。これが現実の固有震動形状のいびつさを生む。高弾性材料で補強することにより、この個体差を埋めて滑らかな震動を促すことで、安定した弾性振動を続ける能力を高めることができる。これも、整震効果であり、大型震動台実験で確認されている[6)]。また、常時微動計測データから計算した 3.3 節の固有震動形状ベクトル、及び、第 4 章の各指標の補強前後の変化で確認されている[7)]。

RC 系構造物は、コンクリートを主要な構造材料としている。木造では木材を、組積造ではブロック、煉瓦、石などを、S 造では鉄骨が、主要な構造材料である。コンクリートは、乾燥収縮、常時の荷重等でひび割れが入ることは避けられない。鉄筋コンクリートは、ひび割れが開き、段差を生ずることで、大変形を生ずる複合材料である。木造においては、木材自体は、弾性的大変形を生ずることができるが、木材を組み合わせた仕口、接手等の接合部に開き、ずれが生ずることでさらに大きな変形限界が得られる。組積造においても、煉瓦等の境界部分が開き、ずれることが、煉瓦等を破壊せずに、大変形を生ずるメカニズムとなる。S 造においては、鉄骨同士の溶接部についてはズレ等を生ずる可能性はなく、塑性変形あるいは破断を生ずる。しかし、アンカー部等、RC と接している部分で RC にひび割れ等が生ずること、また、アンカー自体に浮き上がり、移動が起こることが大変形能力を生む。

弾性的変形限界向上とは、部材、あるいは接合部において、ひび割れ等の開き等が生ずるところに高弾性材料を設置し、弾性的復元力を発揮するように定着することで、部材等の変形形状が滑らかになり、変形が集中することを避け、新たに生ずるひび割れを分散し、弾性的変形限界を大変形まで向上させる効果である。この効果は、模型実験で実測されている。また、高弾性材料補強した柱等のコンクリート部材、木造の接合部、基礎、壁に強制変形を与えた場合の復元力は部材試験で確認され、補強仕様等との関係が数式化されている[8)]。

（2）大変形下の一体性保持及び軸力支持能力の確保

コンクリート柱等の棒状部材の周囲に高弾性材を設置すること、あるいは、木造の土台・柱・梁・軒桁に高弾性材を設置することで、架構が大変形を生じた場合にも、一体性を確保し自重を支持できる軸力支持能力を付与する効果が期待できることが実験、震災事例で確認されている。この効果を数値化する指標が、6.4 節の倒壊危険度である。コンクリート柱に関しては、柱の内部が粉砕された場合に発揮する軸耐力（残存軸耐力）の算定式が SRF 工法 設計施工指針に掲載されている[9),10)]。

（3）倒壊防止、崩落防止、及び落下・転倒防止

高弾性材補強材のしなやかさと破断ひずみの大きさを活かして、自動車におけるシートベルト、エアバックのように、現実に破壊・倒壊が生じた場合にも、人命を守るフェイルセーフ機構を作ることができる。この意味で、高弾性材料補強はフェイルセーフ効果も有する。

コンクリート柱においては、その周囲に閉鎖型で高弾性材料を設置することで、部材が粉砕された状態においても、高弾性材料が、袋状に部材を囲むことにより、粉砕されたコンクリートの内部摩擦

を発揮させることで層の重量を支持し、構造物内部に空間を確保し、人命を救う倒壊防止効果が期待できることが、模型実験で確認されている。

部材、仕上げ、設備等の接合部、取り付け部分に高弾性材料を定着法を工夫して設置することで、損傷を抑え、崩落、脱落を防止する効果とともに、取り付け部分等が破壊した場合の仕上げ、設備等の落下・転倒を防止するフェイルセーフ効果が期待できる。これは、天井材、パイプなどに対して実施されている。以上の効果は、6.3 節の危険度指標で数値化される。

【文献】

1)　構造品質保証研究所株式会社 : SRF 工法 設計施工指針と解説　2015 年版第 2 刷、2020 年 3 月

2)　構造品質保証研究所株式会社 : SRF 工法設計・施工指針　同解説、(一財) 建築防災協会技術評価版、第 5 次改定、2022 年 11 月

3)　(一財) 土木研究センター : 建設技術審査証明報告書 高延性材によるコンクリート構造物の補強方法「SRF 工法」、2023 年 3 月

4)　五十嵐　俊一 : 収震、pp129～188、ISBN978-4-902105-33-9、2022.11

5)　4)と同じ、pp177～188

6)　4)と同じ、pp140～176

7)　4)と同じ、pp226～247、pp266～282

8)　1)と同じ、pp27～64、pp65～82 pp154～311

9)　1)と同じ、pp194～201

10)　2)と同じ、pp5-15～5-67

５．２　使用材料

高弾性材料補強には、以下の製品を使用することができる。

（１）高弾性補強材

シート状補強材　SRFT-F、SRFT-1、SRF100、SRF200

ベルト状補強材　SRF250、SRF265、SRF2100、SRF350、SRF365、SRF3100、SRF450、SRF465、SRF4100、SRF550、SRF565、SRF5100

テープ状補強材　SRF100W30、SRF100W45、SRF100W90、SRF200W100

（２）高弾性接着剤　SRF20、SRF30、SRF40

【解説】収震補強において使用する高弾性材料の実例としては、ポリエステル糸をベルト状、シート状あるいはテープ状に織製した高弾性補強材と一液性ウレタン系の高弾性接着剤がある。本文に掲載した各品番の公称寸法、製品規格としている力学的性能及び試験方法は、文献 1)に掲載されている。また、耐久性に関しても、各種の試験で確認され、製品としての品質管理法、製造法の信頼性に関する審査も行われている。

（１）高弾性補強材の内、シート状補強材は、薄手、広幅の布状の製品である。厚さは、SRFT-F の 0.5mm を最小とし、SRFT-1、SRF100、SRF200 は、それぞれ、0.9mm、1.1mm、1.1mm である。SRFT-F と SRFT-1 は、2 方向の力学的性能に関して製品試験を行った 2 方向材料であり、SRF100、SRF200、及び、ベルト状、テープ状補強材は材軸方向のみの 1 方向材料である。

ベルト状補強材は、建設工事等でクレーンで物を吊る場合にワイヤーに代わって用いられているスリングベルトと類似した製品である。SRF250 等の名称を付しているが、数字の最初の 1 文字は厚さを、次の 2 つあるいは 3 つで幅を表わしている。SRF250 の 2 は、厚さ 2.5mm を、50 は、幅 50mm を示す。これ以外の、数字の最初の文字は、3→3mm、4→4mm、5→5mm を示す。SRF465 は、厚さ 4mm、幅 64.5mm である。また、SRF5100 は、厚さ 5mm、幅 100mm である。

テープ状補強材は、シートベルトに類似した製品である。　SRF100W30、SRF100W45、SRF100W90 は、シート状補強材である SRF100 と同じ有効ヤング率を持つ、幅 30mm、45mm、90mm の補強材である。SRF200W100 は、シート状補強材である SRF200 と同じ有効ヤング率を持つ、幅 100mm の補強材である。ただし、有効ヤング率とは、1%ひずみ時の張力を上記の公称厚さと幅で除した値である。

（２）高弾性接着剤には、SRF20、SRF30、SRF40 の 3 種類がある。それぞれ、接着強度と界面剥離エネルギーを力学的な製品規格としている。接着強度は、接着面に平行に引き剥がした場合の値が製品規格値となっており、SRF20 の 1.0N/mm^2 が最小で、SRF30 は 1.5N/mm^2、SRF40 は 2.1N/mm^2 である。界面剥離エネルギーは、接着面に平行に引き剥がした場合に 1mm^2 の剥離させることに必要な仕事量であり、製品規格値は、SRF20 の 1.0N/mm が最小で、SRF30 は 1.5N/mm、SRF40 は 2.8N/mm である。界面剥離エネルギーと接着強度の比が、剥離するときの接着面のずれ変位に相当するが、これが、1mm 程度と大きいことが高弾性接着剤の特徴である。ひび割れを跨いで接着した場合には、2mm 程度の開きまで接着剤は剥離せずに、除荷されれば、ひび割れは閉じる。耐震補強に用いられているエポキシ樹脂では、界面剥離エネルギーは高弾性接着剤とほぼ等しいか小さく、接着強度が数倍以上であるので、僅かなずれ変位で剥離してしまうことが、脆性的な破壊を生んでいる。この違いは実験でも確認されている[2)]。

高弾性接着剤は、一液無溶剤である。臭気はほぼゼロであり、接着に先立って2液を混合する必要もない。空気中の湿気によって徐々に硬化するので、2 時間程度であれば、接着作業を行うことも、貼り直しも可能である。狭い所の作業、居ながらの補強工事に好適な特徴である。貯蔵して表面が硬化しても、これを取り除いて使用することができる。伝統木造に用いられている漆に似た特徴である。

【文献】

１）構造品質保証研究所株式会社：SRF 工法 設計施工指針と解説　2015 年版第 2 刷、pp5～8、2020 年 3 月

２）１）と同じ、pp27～39

５．３　定着法と設置法

高弾性材料補強における高弾性補強材の設置法と定着法には、以下の種類がある。

（１）定着法

貼り止め、曲げ止め、回し止め、止め巻き、ひねり止め巻き、機械止め

（２）設置法

閉鎖型：らせん巻き、のり巻き、S 型、O 型、（A 型）

非閉鎖型：短冊貼り、C 型、W 型、O 型片面、かね折貼り、箱型貼り、ひねり貼り、際貼り、流し貼り、はちまき、渡し

【解説】高弾性材料補強は、補強材を部材等の表面、あるいは、接合部、取り付け部などに設置し、変形に対して弾性的な復元力を発揮させる方法である。

（１）補強材には、ひび割れ、接合部の開き等を跨いで、部材等に応力を伝達することが求められるので、部材等との定着が要になる。この方法には、接着剤によるもの、補強材と部材との形状により、部材表面の摩擦力に期待するもの、アンカーボルト等により、部材との境界面での支圧力と部材内部のせん断力に期待するものがあるが、接着による定着を主としている。一般には、アンカーボルト等による機械式定着の方が、接着よりも信頼性が高いように思われているが、支圧力や部材内部のせん断力も経年的に劣化するので、これを適切に評価して比較すれば、長期に渡って使用する上で、機械式定着が特に安定性が高いとは限らない。特に、木材への定着においては、木材の経年変化を考慮すれば、木材の表面に沿って、広い範囲に接着する定着法は、釘、ボルト等、木材内部に孔を空ける方法に比べて、信頼性が高いと考えられる。

補強材を部材等の表面に接着して定着する方法の内、接着面が概ね補強材の材軸と平行であるものを貼り止め、直交するものを曲げ止め、周回するものを回し止めと称する。回し止めを行いかつ、補強材同士を重ねて接着したものを止め巻きと称する。止め巻きは、補強材張力が部材等との間の接着に対する拘束圧となるので、接着強度の向上が期待でき、仮に接着が剥離したとしても、部材等との間の摩擦による定着が期待できる方法であるので、フェイルセーフ機構に用いることができる。

ひねり止め巻きは、補強材を、材軸を軸として捻り、接着面の方向、あるいは位置を変えた止め巻きである。なお、補強材をせん断変形させて、材軸を折って、定着位置をずらすことも可能である。機械止めは、補強材に孔を空けて、アンカーボルトを通して、ワッシャー、フラットバー等を用いた定着法である。定着部の強度計算法は文献 1)、2)に掲載されている。

（2）高弾性補強材の設置法は、閉鎖型と非閉鎖型に大別される。閉鎖型設置法は、補強材を部材等を周回するように設置し、補強材同士を定着する方法である。この設置法による補強は、閉鎖型補強と呼ばれる。これ以外を、非閉鎖型設置法、あるいは、非閉鎖型補強と称する。コンクリート柱における軸力支持能力を向上させる補強、及びフェイルセーフ補強では、閉鎖型を用いる。設置法の内、閉鎖型設置法には、らせん巻き、のり巻き、S 型、O 型、A 型の 5 種類がある。

らせん巻きは、柱等の棒状の部材に用いる閉鎖型設置法である。まず、補強する区間を決め、開始線と終了線を墨だしする。補強開始線に沿って、材軸直交方向に 1 周巻いて一辺を重ねる止め巻き定着部を造る。これを巻き始めと称する。続けて、材軸を部材の辺に沿って折って、一周でベルト幅分進むような角度をつけて、らせん状に巻き、補強区間の端部の終了線までの距離がベルト幅未満になったら、一辺でその距離の 1/4 進むように角度を変えて、らせん状に巻き、終了線で材軸直交方向に 1 周巻いて一辺を重ねる止め巻き定着部を造る。これを巻き終わりと称する。このような設置法は補強材がせん断変形できる織構造であることにより可能となったものである。テーパー状の柱などにも辺で膨らむことなく、綺麗に設置することができる。

のり巻きは、巻き始めを繰り返して、材軸直交方向にベルトを突き合わせで巻く方法である。S 型はスリットを切って、O 型は両脇の開口を通して、らせん巻きあるいはのり巻きを行う方法である。いづれの方法でも、補強材と下地の間、及び補強材同士が重なる部分には接着剤を塗布して接着する。ただし、ベルト側面の突き合わせ部は不要である。

A 型は、壁付き柱、壁の側柱において、入隅部にアングルを流して、貫通ボルトで補強材同士を縫うように設置する方法である。高弾性材料補強（SRF 工法）を、既存の耐震補強技術の品添えの 1 つとして用いる場合には、閉鎖型補強に分類している [3]。しかし、アングルと貫通ボルトは、大変形下では高弾性材及び被補強部材とは違った変形をすると考えられるので、収震構造物の設計においては用いない。

非閉鎖型補強の短冊貼りは、部材等の表面に短冊状に貼り付ける方法であり、各部分が貼り止めの定着部を兼ねている。C 型は、RC 部材の柱型に沿った短冊貼り、W 型は、壁板の短冊貼りである。O 型片面は、開口部の中間にある壁板部分に短冊貼りして曲げ止める方法である。かね折貼り、箱型貼り、ひねり貼りは、それぞれ、かね折金物等、木造の補強金物の形状で設置する方法である。ひねり貼りは、捻って接着面の方向を変えた短冊貼りである。際貼りは、面材の釘等を打つところに短冊貼りする方法である。流し貼りは、部材の材軸に沿って短冊貼りする方法であり、止め巻き等の定着を用いる。はちまきは、のり巻きと同じ方法であるが、部材の一部にはちまき状に設置する方法である。渡しは、架構が張る空間を渡す設置法である。文献には4)、5)には、図解がある。ただし、文献1)では、高弾性補強材は高延性材と旧名称で呼ばれている。

【文献】

1) 構造品質保証研究所株式会社 : SRF 工法 設計施工指針と解説　2015 年版第 2 刷、pp14～26、2020 年 3 月

2) 構造品質保証研究所株式会社 : SRF 工法設計・施工指針　同解説、（一財）建築防災協会技術評価版、第 5 次改定、pp3-34～3-45、2022 年 11 月

3) 2)と同じ、p3-42、p4-7

4) 1)と同じ、pp234～236

5) 2)と同じ、pp4-7～4-11、C9～C15

第６章　性能評価

６．１　目的

収震設計における構造物の性能評価は以下の目的で行う。

(1) 設計・工事監理、補修・補強の各段階で行う判断の材料と根拠を得る。

(2) 収震設計の合理化に資する。

【解説】（１）構造物の設計は、構造物が置かれる環境条件に応じて、要求される性能を発揮するように、形状、寸法、材料等を決定し、図面等の設計図書に表現する行為である。また、工事監理は、工事を設計図書と照合し、そのとおりに実施されているかいないかを確認する行為である。従って、設計・工事監理の各段階では、判断と確認を行う必要がある。この材料と根拠を与えることが、設計における構造物の性能評価の第 1 の目的であり、収震設計においても同様である。

収震設計は、大地震に対して構造物、及びこれが属する都市がその機能を維持することを目的としている。大地震は何時構造物を襲うか分からない。また、構造物の性能は経年変化する。そこで、構造物の性能の変化を捉えて、補修・補強の必要性を判断し、性能を維持することが必要とされる。この判断の材料と根拠を得ることも、収震設計における性能評価の目的に含まれる。この点では、現行の耐震設計とは異なっている。

（２）設計は、構造物が、求められる性能を発揮することを計算で確かめることが中心になる。これには、構造物自体、及びこれが受ける作用を数値的にモデル化する必要がある。建築物、インフラ施設などの構造物の現行基準に基づく設計に関しては、有限要素法、立体フレーム解析法などをベースとした専用のコンピュータソフトが作成され販売されている。

一方、現実の構造物の形状、寸法、材料、内容物、そして、立地する地盤の性質等は、これを正確に把握することはできないものである。これに加えて、大地震の襲来時期、その規模、様相も正確には予測できない。構造物と大地震は、このような不確定性を持つ。さらに、大地震に遭遇した際の構造物の挙動も、正確に把握することはできない。このように、大地震に対する構造物の数値モデルによる性能評価、及びこれに基づく判断・確認にも、不確定性が伴う。

収震設計は、これらの不確定性に対して、対象構造物の設計時点での構造モデルによる固有値解析だけでなく、各段階において、常時微動に含まれる固有震動から各種の性能評価指標値を計測・計算し、これらと、既往の指標値と付帯情報を格納した収震設計データベース（DB）から得られた指標値の推奨範囲を用いて判断等を行うことで対処する（第 1 章 1.4 節参照）。この方法の合理化に資すること、則ち、既往の性能評価結果、被害・無被害実績、及び各種の付帯情報を収録した収震設計 DB を充実することが、性能評価の第 2 の目的である。個々の構造物の性能評価を、次の構造物の設計の合理化に繋げるメカニズムが組み込まれているという点が、現行の耐震設計と収震設計との構造的な相違点である。

６．２　方法

収震設計における構造物の性能評価は、以下の方法によって行う。

(1) 構造物全体に関する構造モデルの固有値解析によって得た固有振動モード・固有振動数、及び常時微動計測によって得た加速度時刻歴から、それぞれ、収震性に関する指標値を計算する。また、構造物の各部分において、個々の危険事象について、それぞれ、危険度に関する指標値を計算する。上記の各指標値が、概ね推奨範囲に収まること、及びその分布形状に異常が認められないことを根拠として、性能評価を行う。

(2) 上記の内、収震性に関する評価は、対象構造物に対して計算された指標値と、推奨範囲を、軸、あるいは通り毎、方向別に計測点に関してプロットして行うことを標準とする。

(3) 上記の推奨範囲は、収震設計が行われた構造物、あるいは微動診断が行われた構造物について計算された性能評価指標値、及び被害・無被害実績等の付帯情報を収録したデータベース（収震設計 DB）用いて見出すことができる。

【解説】（１）構造物の収震性を全体構造モデルの固有値解析と常時微動計測を用いて表現する各種の指標が、第 2 章から第 4 章前半までに定義されている。また、構造物内部で生ずる危険事象に関する危険性を表現する指標が、第 4 章 4.6 節に紹介されている。解表 6.2.1-1 に、これらの性能評価指標の内、収震補強設計完了までに用いる性能評価指標、及び判断に用いる推奨範囲を掲載する（第 1 章 1.4 節解図 1.4.1～1.4.2 参照）。危険度指標は、地震以外の条件による設計完了時点での収震補強の必要性判断（判断 A の 2）、及び収震補強設計終了時点での追加収震補強の必要性判断（判断 B）に用いられる。

判断 A、及び判断 B を行う時点では、対象構造物に関する収震性評価指標値は全て固有値解析で得た 1 次から r 次までの固有モードから計算される。これに用いる構造モデルは各接点に 3 方向の併進と回転の 6 自由度を与えているので、少なくとも r は 6 以上とする。判断 A では、構造モデル妥当性（判断 A の１）と収震補強の必要性（判断 A の２）の２項目を判断する。右肩に(r)が付された各収震性評価指標値 A が、概ね、類似構造物の微動診断から得られた指標値から計算された推奨範囲 A であれば、構造モデルは妥当（合）であると判断できる。なお、収震性評価指標値 A の中には、耐震設計に用いられている関連する係数等と比較できるものがある（第 4 章 4.5 節）。収震性評価指標値にいびつな部分が無ければ、変位形状的には、補強の要なし（不要）と判断できる。ただし、収震補強設計を行っていない構造物においては、通常、損傷度、及び危険度が推奨範囲 A を超え、補強要となる。

収震補強設計終了時点で、判断Bとして、追加収震補強の必要性を判断する。通常、高弾性材料による収震補強により、損傷度は、使用限界値の増大、及び整震効果で減少する。危険度指標は、高弾性材料によるフェイルセーフ機構設置による復元力の増大で減少する。損傷度が、概ね推奨範囲Bで、かつ、危険度が推奨範囲B内であれば、追加収震補強不要（合）とできる。

解表 6.2.1-1　収震補強設計完了までの性能評価の時点と指標、及び判断基準（判断A～B）

時点	評価指標	推奨範囲
判断A：地震以外の条件による設計完了時点	r次固有周期（T_r）	推奨範囲A：類似の構造物の微動診断で得られた指標値から決める。
	固有震動変位形状ベクトル（$\|h^{(r)}{}_{dijk}\|$、$\|h^{(r)}{}_{dPijk}\|$）	
	固有震動加速度形状ベクトル（$\|h^{(r)}{}_{aijk}\|$、$\|h^{(r)}{}_{aiPijk}\|$）	
	固有震動回転角形状ベクトル（$\|h^{(r)}{}_{\theta Pijk}\|$）	
	固有震動角加速度形状ベクトル（$\|h^{(r)}{}_{\theta'' Pijk}\|$）	
	運動エネルギー変化率（$\|h^{(r)}{}_{Rijk}\|$、$\|h^{(r)}{}_{RtPijk/Rt}\|$、$\|h^{(r)}{}_{RrPijk/Rr}\|$）	
	層間震動周期（$T^{(r)}{}_{i\sim n+1,jkm}$、$T^{(r)}{}_{Pi\sim n+1,jkm}$）	
	加速度分布係数（$A^{(r)}{}_{aijk}$、$A^{(r)}{}_{aPijk}$）	
	角加速度分布係数（$A^{(r)}{}_{\theta'' Pijk}$）	
	ベース応力係数（$C^{(r)}{}_{Y1ijkm}$、$C^{(r)}{}_{Y1Pijkm}$）	
	ベースモーメント係数（$C^{(r)}{}_{rY1ijkm}$、$C^{(r)}{}_{rY1Pijkm}$）	
	損傷度（$i^{(r)}{}_{dijkm}$）	推奨範囲A：類似の構造物の指標値と被害・無被害実績から決める。
	危険度指標（I_{fc}、I_{bc}、I_{dc}、I_{tc}）	
判断B：収震補強設計終了時点	危険度指標（I_{fc}、I_{bc}、I_{dc}、I_{tc}）	推奨範囲B：類似の構造物の指標値と被害・無被害実績から決める。
	損傷度（$i^{(r)}{}_{dijkm}$）	

解表 6.2.1-2 に、収震補強設計完了から竣工までに用いる性能評価指標、及び判断基準を掲載する。危険度は、収震補強設計完了時点で十分に低いと判断されているので、この評価は竣工までは行わない。躯体・設備等施工終了時点で、微動計測1（初回）を行って収震性評価指標値1を計算し、躯体に施工不良等の疑いが無いかどうかの判断1を行う。これは、微動計測から計算された値（$|h_{dijk}|$、$|h_{dPijk}|$等）が、固有値解析から計算された値（$|h^{(r)}{}_{dijk}|$、$|h^{(r)}{}_{dPijk}|$等）と、類似構造物の値を考慮して計算された推奨範囲1に概ね収まっており、いびつな部分が無ければ、疑いなし（合）とできる。

高弾性材料補強施工終了時点で、微動計測2（2回目）を行って収震性評価指標値を計算し、収震性向上が十分であったかどうかの判断2を行う。各指標値が、類似構造物の設計事例、被害・無被害事例を考慮して計算された推奨範囲２に概ね収まっており、いびつな部分が無ければ、必要なし（合）とできる。なお、判断 A で使用した固有値解析から得た指標値、判断 B で使用した損傷度と２回目の微動計測から計算し、判断２に用いた損傷度を比較することでも、全体構造モデルの妥当性を再確認することができる。

解表 6.2.1-2　収震補強設計完了から竣工までの性能評価時点と指標、及び判断基準（判断１～２）

時点	評価指標	推奨範囲
判断 1：躯体・設備等施工終了時点	固有震動変位形状ベクトル（$\lvert h_{dijk} \rvert$、$\lvert h_{dPijk} \rvert$）	推奨範囲１：類似の構造物の微動診断で得られた指標値から決める。
	固有震動回転角形状ベクトル（$\lvert h_{\theta Pijk} \rvert$）	
	併進運動固有周期ベクトル（T_{tijk}、T_{tPijk}）	
	回転運動固有周期ベクトル（T_{Pijk}）	
	層間震動周期（$T_{i\sim n+1,jkm}$、$T_{Pi\sim n+1,jkm}$）	
	損傷度（i_{dijkm}、i_{dijkm}）	
判断２：高弾性材料補強施工終了時点	固有震動変位形状ベクトル（$\lvert h_{dijk} \rvert$、$\lvert h_{dPijk} \rvert$）	推奨範囲２：初回の微動診断で得られた指標値に、類似構造物の補強による変化量を考慮して決める。
	固有震動加速度形状ベクトル（$\lvert h_{aijk} \rvert$、$\lvert h_{aiPijk} \rvert$）	
	固有震動回転角形状ベクトル（$\lvert h_{\theta Pijk} \rvert$）	
	固有震動角加速度形状ベクトル（$\lvert h_{\theta'' Pijk} \rvert$）	
	併進運動固有周期ベクトル（T_{tijk}、T_{tPijk}）	
	回転運動固有周期ベクトル（T_{Pijk}）	
	運動エネルギー変化率（h_{Rijk}、$h_{RtPijk/Rt}$、$h_{RrPijk/Rr}$）	
	層間震動周期（$T_{i\sim n+1,jkm}$、$T_{Pi\sim n+1,jkm}$）	
	加速度分布係数（A_{aijk}、A_{aPijk}）	
	角加速度分布係数（$A_{\theta'' Pijk}$）	
	ベース応力係数（C_{Y1ijkm}、$C_{Y1Pijkm}$）	
	ベースモーメント係数（$C_{rY1ijkm}$、$C_{rY1Pijkm}$）	
	損傷度（i_{dijkm}）	

（２）構造モデルの固有値解析で得られた各モードは、モデル化された対象構造物・地盤系において弾性と慣性により可能な震動（周辺地盤の震動による振動）の時空間的な形状を示しており、構造モデルに生ずる震動は各モードを重ね合わせたものになる（3.3 節解説参照）。構造モデルが現実の対象構造物・地盤系を弾性範囲においては忠実にモデル化しているとすれば、現実の対象構造物・地盤系の弾性振動である固有震動も、各モードの重ね合わせになる。収震性指標は、各モード、及び固有震動形状から計算されているので、構造モデルが、対象構造物・地盤系を忠実にモデル化しているとす

れば、常時微動から計算された収震性に関する各指標値は、各モードから計算されたものと計算式に応じた特定の関係を示すと考えられる。

以上より、対象構造物に対して固有値解析と微動計測結果から計算された収震性指標値、及び類似の構造物の固有震動形状から計算された収震性指標値から導かれた推奨範囲を比較すれば、各指標値の観点から、構造モデルと実際の構造物の相違、及び実際の構造物の収震性が評価できると考えられる。固有モード、固有震動形状、及び収震性指標値は、計測点毎に計算されているので、この比較は、軸、あるいは通り毎、方向別に計測点に関して指標値と推奨範囲をプロットした図により行うことができる。

RC 造 6 階建の集合住宅建物の新築時の収震補強事例について、このプロットの例を掲げる。建物全景、図面、微動計測結果等の詳細は、文献 1）に掲載している。対象建物は、2020 年竣工の地上 6 階、RC 造、延床面積 2898m^2、高さ 18.6m である。平面形状は整形、67.5 m×6.5 m の矩形、X 方向 9 スパン、Y 方向 1 スパン、杭基礎である。立面形状も整形、塔状比は 2.55 である。X 方向はラーメン構造、Y 方向は耐震壁付きラーメン構造である。1 階部分の独立柱 8 本を SRF 工法で収震補強している。補強前の 2020 年 5 月、及び補強後の 2020 年 8 月に、第 1 層（1 階床面）から第 7 層（屋上面）までの Y1 通りの 6 軸の点計測と第 1,3,5,7 の 4 層に各 3 点ずつの 1 軸の面計測（12 計測点）を実施した。サンプリング周波数は 200Hz、各計測時間は 31 分間である。

本例の収震補強設計は、固有値解析は行わずに類似の新耐震建物の補強事例から補強箇所と仕様を決める方法で行われた。竣工後、研究目的で、固有値解析が実施されている。

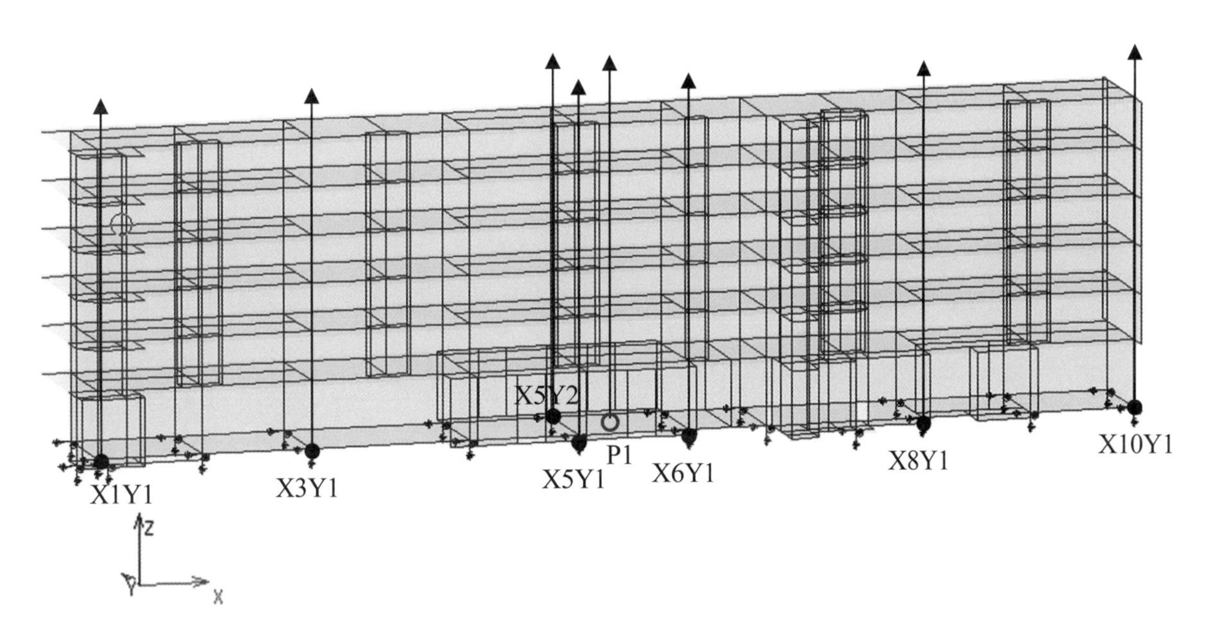

解図 6.2.1　RC6 階建集合住宅の全体構造モデルと計測軸

解図 6.2.1 に全体構造モデルを掲げる。計算には、構造システム社製任意形状立体フレームの解析プログラム SNAP(Structure Non-linear Analysis Program)を使用した。これは、同社製の建築物の一環設計プログラムとリンクした動的解析用ソフトである。モデルの節点数は、626 個であり、１層の節点を含め全節点に、併進と回転の 6 自由度を与えている。部材数は、梁 885、柱 378、壁 355 の合計 1618 個である。ただし、各層の接点はそれぞれ、各層が剛体運動するとして従属させているので、実質的な自由度は、42 程度である。なお、第１層の各接点には水平バネ、鉛直バネ、及び回転バネを定義している。

各部材の剛性と質量は、構造図から読み取った寸法、配筋、材料強度を入力すれば、プログラム内で自動計算され、構造モデルの質量行列と剛性行列が作成される仕組みであり、これを用いた。解図 6.2.2 に、軸組図と伏せ図を掲げる。各軸には形状、杭本数が異なる 7 種類のフーチングが置かれている。これを、第１層の各接点の地盤バネで次のように表現している。まず、杭諸元及びボーリング柱状図から読みとった N 値から、杭１本あたりの軸方向バネ定数、軸直交方向バネ定数を、文献 2) に従って計算し、次に、フーチングを剛体、杭頭ピンとし、各フーチングの水平、鉛直、回転剛性を計算して、各接点の地盤バネとした[3]。

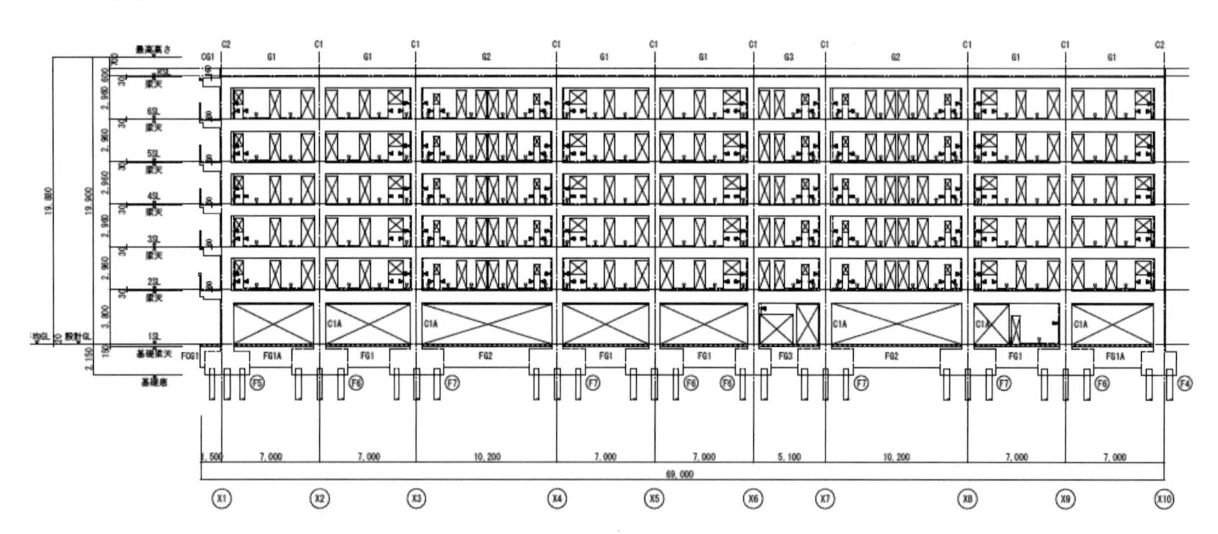

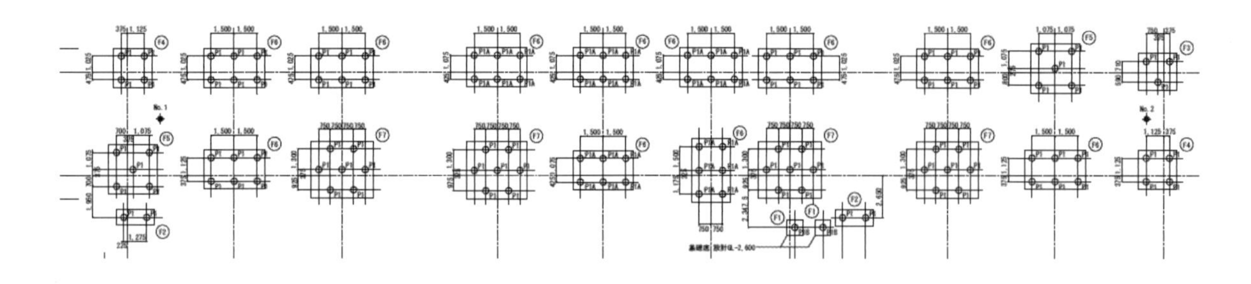

解図 6.2.2　Y1 通り軸組図、及び杭・基礎伏せ図

補強前後の微動計測の計測軸は、点計測 6 軸、面計測 1 軸の計 7 軸である。点計測では、各層に、面計測では、1,3,5,7 層に計測点を配置している。図 6.2.1 で、点計測軸については、第 1 層に構造図の XY 通り名を付して、面計測については、P1 と表示して、上向きの矢印で示している（第 2 章参照）。

解表 6.2.2 に 1 次～10 次の固有周期、刺激係数、及び有効質量比を掲げる。なお、刺激係数$\beta_k(k=x,y,z)$、及び$\beta_{r\cdot k}(k=x,y,z)$は、各接点の質量、及び慣性モーメントに比例する外力、あるいは外部モーメントの k 方向成分入力に対する応答変位、あるいは応答回転角に各次のモードが関与する割合を示す係数である。また、有効質量は、上記の質量、あるいは慣性モーメントに比例する外力の応答を、それぞれ、各モードの外力方向の運動に関する 1 質点系に分解した場合の質量に相当する。有効質量比は、有効質量とモデルの全質量との比であり、全モードの合計は 100%となる [4)]。

質量に比例する外力は、通常は重力以外は存在しない。しかし、モデル内に基準点を定めて、これが慣性系に対して運動した場合に基準点から見た(基準点を原点とする座標系:非慣性系で記述した)構造物の運動は、各接点に、その質量に基準点の併進加速度を乗じた架空の外力（慣性力）を、基準点の加速度と逆向きに加えることで計算できる。しかし、基準点が回転する場合には、各接点の位置によって回転の影響が異なるので、慣性力の計算は複雑になり、単に各部分の慣性モーメントに角加速度を乗じた外部モーメントを乗ずる計算にはならないが、基準点の近傍では、正解に近づく（文献 5）参照）。

解表 6.2.2　1 次～10 次の固有周期、刺激係数、及び有効質量比

次数	周期	刺激係数						有効質量比(%)					
	T	βx	βy	βz	βrx	βry	βrz	Mx	My	Mz	Mrx	Mry	Mrz
1	0.52	0.00	1.33	0.02	-0.59	-0.06	1.07	0.00	88.51	0.02	1.63	0.00	0.14
2	0.44	1.14	0.00	0.00	0.00	0.78	2.15	96.53	0.00	0.00	0.00	0.11	0.81
3	0.40	-0.01	0.00	0.00	0.00	-0.01	2.29	0.80	0.09	0.00	0.01	0.00	97.61
4	0.18	0.00	0.48	-0.10	1.72	0.27	-0.39	0.00	11.22	0.48	13.92	0.01	0.02
5	0.13	0.17	0.00	0.04	0.01	-12.91	0.02	2.04	0.00	0.13	0.00	30.38	0.00
6	0.11	-0.01	0.01	1.12	0.06	-0.67	-0.02	0.01	0.01	97.12	0.03	0.09	0.00
7	0.10	0.04	0.00	0.04	0.00	12.25	0.16	0.31	0.00	0.32	0.00	66.72	0.01
		1～7次　有効質量比合計(%)						99.69	99.82	98.07	15.59	97.31	98.59
8	0.09	0.00	0.00	0.00	0.00	-0.15	0.26	0.01	0.00	0.00	0.00	0.44	1.21
9	0.07	-0.08	0.00	0.00	0.00	0.77	-0.07	0.27	0.00	0.00	0.00	0.06	0.00
10	0.06	0.00	0.06	-0.02	-0.34	-0.09	-0.24	0.00	0.17	0.03	0.48	0.00	0.01
		1～10次　有効質量比合計(%)						99.96	99.99	98.10	16.06	97.81	99.81

収震設計においては、構造物の運動と変形、及び地震作用は慣性系で記述するので、慣性力は用いない（第 4 章 4.5 節参照）。常時微動計測で得られる加速度もこれを積分した変位も慣性系に関するものであり、構造物内の基準点から見たものではない。しかし、刺激係数と有効質量は、各モードがどのような変形であるかを直観的に把握することには有益である。例えば、解表 6.2.2 で、β_xが大きな 2 次モードは、モデルの基部を x 方向に加速度運動させた場合の変形を主に表していることが分かる。なお、このモードでは、β_{ry}も大きいので、基部を y 軸周りに急に回転させたときに現れる変形も含まれていること、さらに、このモードの Mx は、約 97%であるので、基部を x 方向に加速度運動させた場合の変形は、8 割方このモードで表されているということも分かる。

解表 6.2.2 から、本計算では、7 次モードの固有周期は約 0.1 秒であり、微動計測のハイカットフィルターの限界値であること、及び、1 次～7 次モードで、併進運動については、97%以上の有効質量が、また、回転運動についても、x 軸周りの回転を除けば、90%以上の有効質量がカバーされていることが分かる。以上からは、7 次モードまでを検討対象とすればよいと考えられるが、以下の例では、9 次までをプロットする。

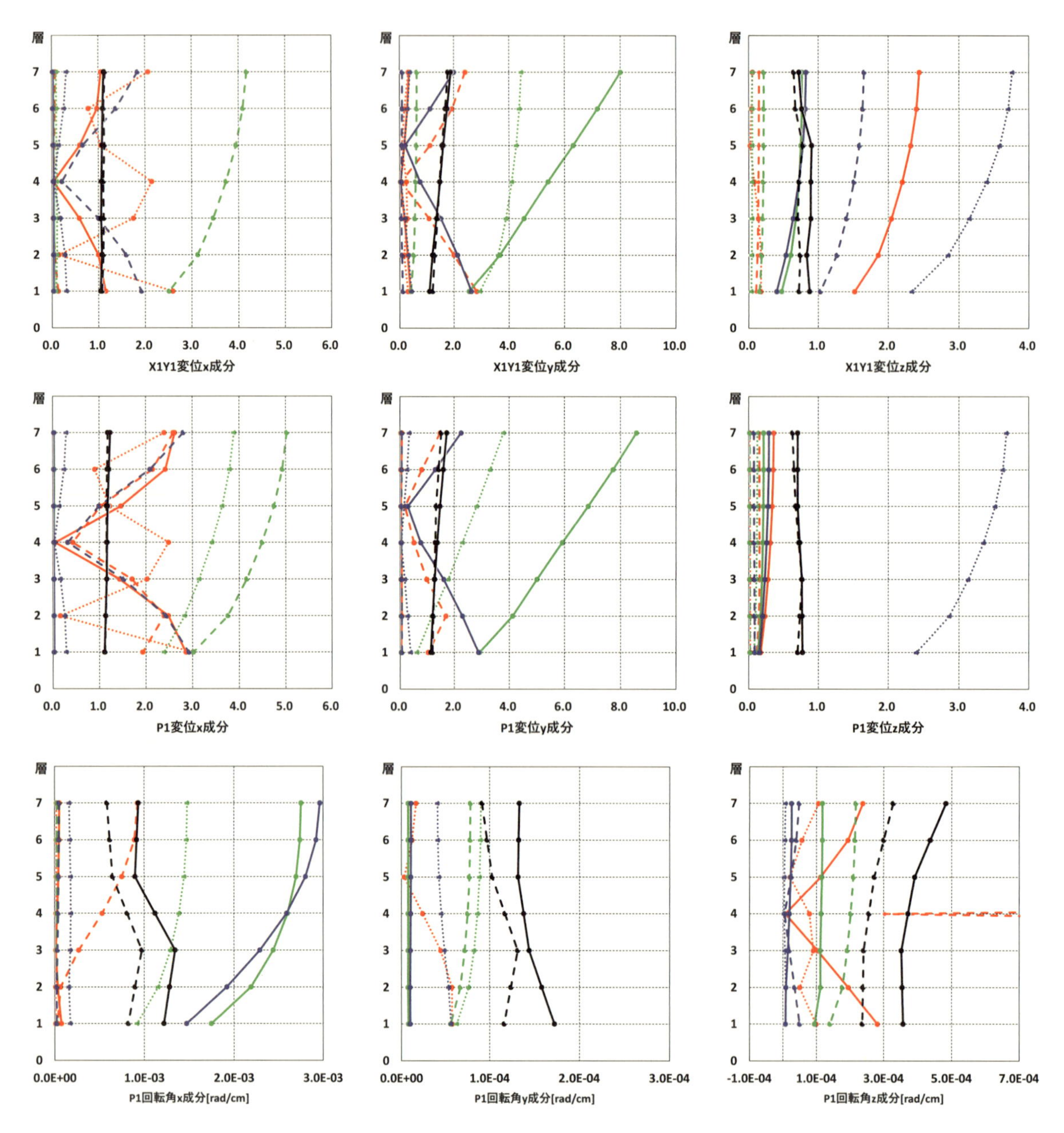

解図 6.2.3　固有震動変位・回転角形状ベクトルの例

解図 6.2.3 は、X1Y1 軸と P1 軸上の固有震動変位・回転角形状ベクトルである。基準点は、点計測においては、X1Y1 軸上の第 1 層の計測点、面計測においては、P1 軸上の第 1 層の計測点である。緑色が 1～3 次、青が 4～6 次、赤が 7～9 次を示し、それぞれ、実線から点線、細い点線の順に次数が高くなる。黒が微動計測から求めたもので、初回の計測（収震補強前）が実線、2 回目の計測（補強後）

が点線である。P1 軸では、微動計測は 1,3,5,7 層で実施しているので、2,4,6 層の値は、上下層の値を内層している。

固有震動形状ベクトルは、固有震動の空間的形状を数値化している（第 3 章 3.3 節参照）。この成分は、構造物の各部分の変位、速度、加速度、回転角等の振幅を基準点の変位の振幅（RMS）の 3 方向の平均値で基準化したものである。収震性評価では、解表 6.2.1 に示すように、この内、変位、加速度、回転角、及び角加速度を用いて、それぞれ、固有震動変位形状ベクトル等と呼んでいる。これらを解図 6.2.3 のように、計測点、あるいは中心点に対してプロットして現れる場所に対する変化は固有震動と各固有モードにおける変位等の分布を表わしている。

解図 6.2.3 の各プロットでは、色がついた固有モードが、微動計測で得た固有震動形状を挟んでいる。解表 6.2.3 の有効質量は、1 次モードでは My, Mrx が、2 次モードでは Mx, Mrz が、3 次モードでは Mx, Mry が、4 次モードでは Mz, Mry が、5 次モードでは Mry、 Mx が、6 次モードでは My, Mrx が大きい。上段の X1Y1、中下段の P1 ともに、微動の結果とこれらのモードの形状はほぼ一致している。大きさは、低次の固有モードの変位と x 軸回りの回転角では、y 軸、 z 軸回り回の転角では、少し小さくなっている。z 成分の変位、xyz 軸回りの回転角では、補強後（黒破線）は、補強前より減少しているが、水平成分変位ではほとんど変動がない結果である。

解図 6.2.4 は、固有震動加速度・角加速度形状ベクトルの例である。凡例は前図と同様である。P1 軸では、微動計測は 1,3,5,7 層のみで実施しているので、2,4,6 層の値は、上下層の値を内層している。この各成分は、固有震動あるいは固有モードの加速度を基準化したものである。想定地震動により構造物の各部分に生ずる弾性変位と加速度の大きさの推定値は、第 4 章 4.4 節（1）に示した算式により、変位強震 RMS 平均値の推定値を、前図、あるいは、本図の固有震動形状ベクトルの各成分に乗じて計算できる。また、この震動の周期は、固有震動周期ベクトルの各成分、あるいは r 次固有周期であると推定できる。例えば、想定地震による基準点変位強震 RMS 平均値が、1cm であるとすれば、固有震動形状ベクトルの各成分の数値をそのまま、変位は、cm、加速度は、gal（cm/s^2）、回転角は、rad、角加速度は、rad/s^2 であると読み替えて、弾性応答の強震 RMS であると見ることができる。

解図 6.2.4 に示す固有モードから得られた加速度、角加速度は、解図 6.2.4 の固有モードに$\omega_r^2=(2\pi/T_r)^2$を乗じて得られたものであるので、形状的な特徴は、前図の変位で分析した通りである。大きさに関しては、r 次固有周期 T_r と微動計測で得られた固有周期の違いを反映して変化している。7 次以上、T_r=0.1 秒程度以下の高次モードの加速度、角加速度形状は、図ではスケールアウトしている。これは、微動計測で得られた加速度形状等に比べて極めて大きな加速度が現れる可能性を示している。通常は、このような短周期震動で構造物が破壊することはないと考えられているが、収震設計においては、このような可能性も考えることが大切である。

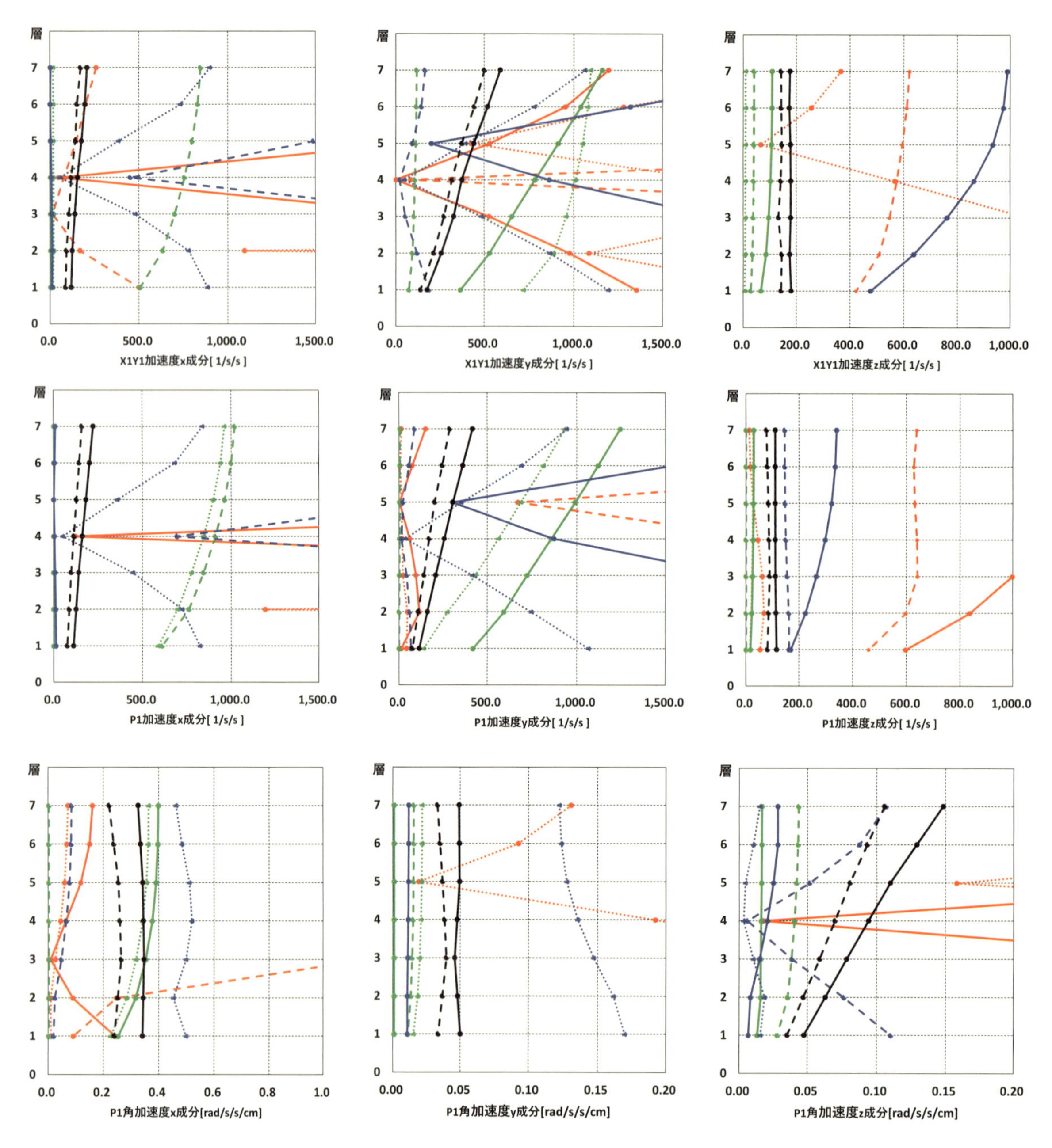

解図 6.2.4　固有震動加速度・角加速度形状ベクトルの例

解図 6.2.5 は、固有周期ベクトルと r 次固有周期の例である。凡例は前図と同様である。固有震動の時間的形状は第 3 章 3.3 節の加速度、速度、変位等に関する固有震動周期ベクトルで数値化できる。この各成分は、構造物の各部分の変位、速度、加速度の中心周期（ゼロクロス周期の期待値）であり、加速度から変位に向けて大きくなる。解図 6.2.5 に示した固有周期ベクトルの各成分は、第 3 章 3.4 節に定義したもので、構造物の各部分の変位と加速度の RMS を結びつける指標として、固有値との対比から導いたものであり、上記の速度と変位の固有震動周期ベクトルと幾何平均から計算されている。

一般的な、固有震動の時間的形状は、第 1 層が地盤の固有震動周期に近い周期を持ち、これが上層にいくに従って、構造物固有の周期に近づいていくというものである。解図 6.2.5 の各段の右側を見ると、常時微動計測から得られた併進運動の固有周期（黒）の x 成分は、1 層で、0.6～0.7 秒、最上層の

7 層で、0.5 秒程度、y 成分は、1 層で、0.5～0.8 秒、最上層の 7 層で、0.4 秒程度であり、補強後の方が大きいが、上層階に向けての変化率も、補強後が大きくなっていることが読み取れる。 1～9 次モードの固有周期は、上層では、常時微動から計算した固有周期を挟んでおり、構造モデルは、常時微動から計算した実構造物の固有震動の時間的形状も概ねモデル化していると考えられる。本指標は、各計測点の中心周期（ゼロクロス周期）を示したものであり、現行基準の設計用 1 次固有周期(T)と間接的には関係づけられるものである (4.5 節)。高さ等から計算した値である T=0.37s を、上段の X1Y1 軸のプロットに白抜きマーカー、グレー線で表示している。

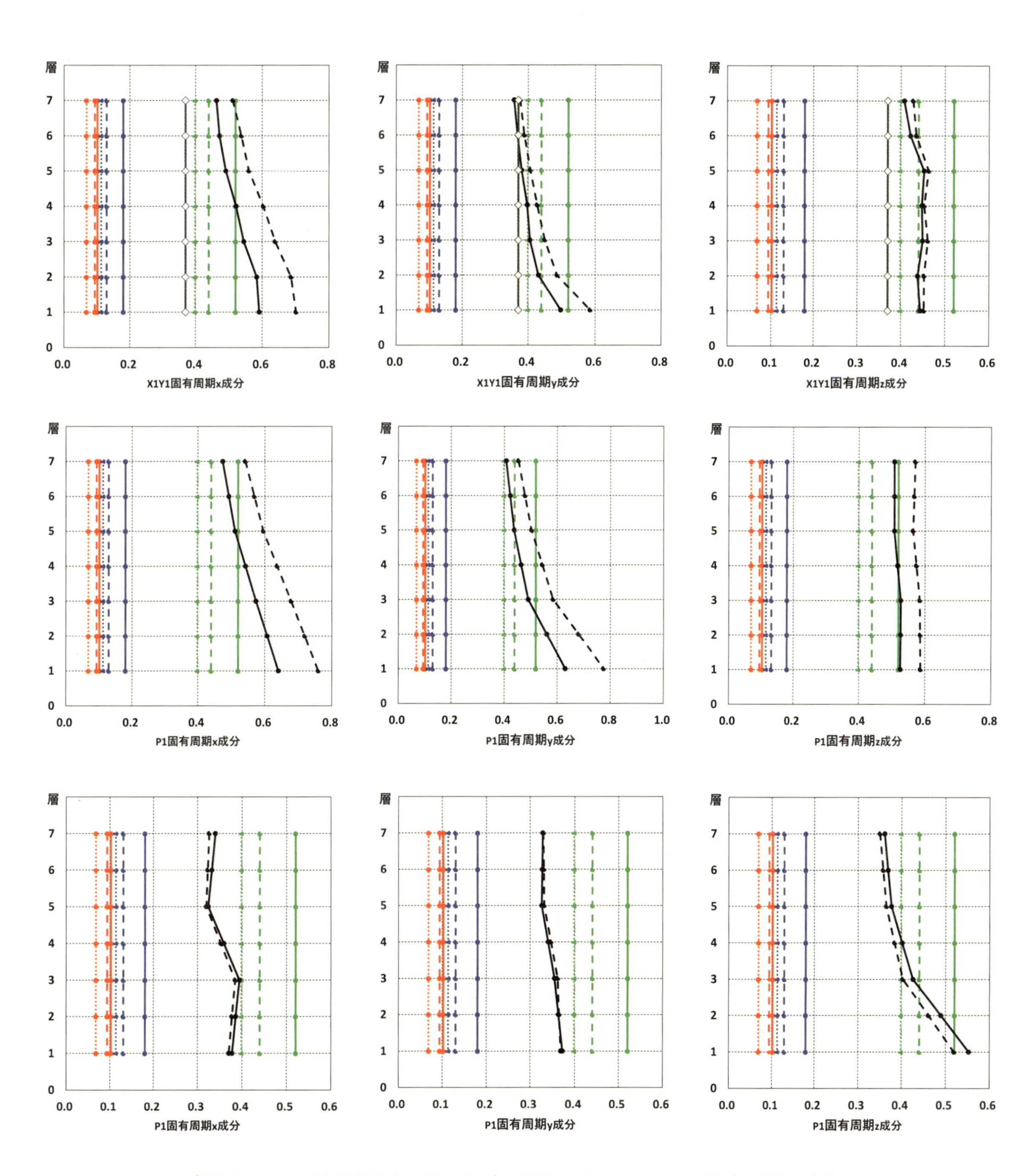

解図 6.2.5　微動計測で得た固有周期ベクトルと r 次固有周期の例

解図 6.2.6 には、運動エネルギー変化率の例を掲げる。凡例は前図と同様である。P1 軸、微動の 2,4,6 層の値（黒実線、破線）は、上下層の値を内層している。これは、第 3 章 3.5 節で定義したもので、計測点の支配部分の全運動に占める各運動成分のエネルギーの割合である運動エネルギー構成比の第 1 層の構成比からの変化を表わす指標である。これを計測点に対してプロットすれば、構造物が、地盤の震動エネルギーを内部でどのような運動のエネルギーに変換しているか、則ち、収震性の運動的内容を知ることができる。各層の鉛直軸回りの回転運動の比率が高く、水平軸回りの回転の比率が低ければ、各層は水平面内で運動するので、振幅が大きくなっても安定した運動を続けることが期待でき、損傷の危険性が小さく収震性が高いと評価できる。一層の運動に含まれる水平軸回りの回転運動エネルギーを鉛直軸回りの回転、及び水平方向の併進運動エネルギーに変換していることが現れる変化率を持つ構造物は、水平面内で震動する性能が高く、収震性が高いと評価できる。

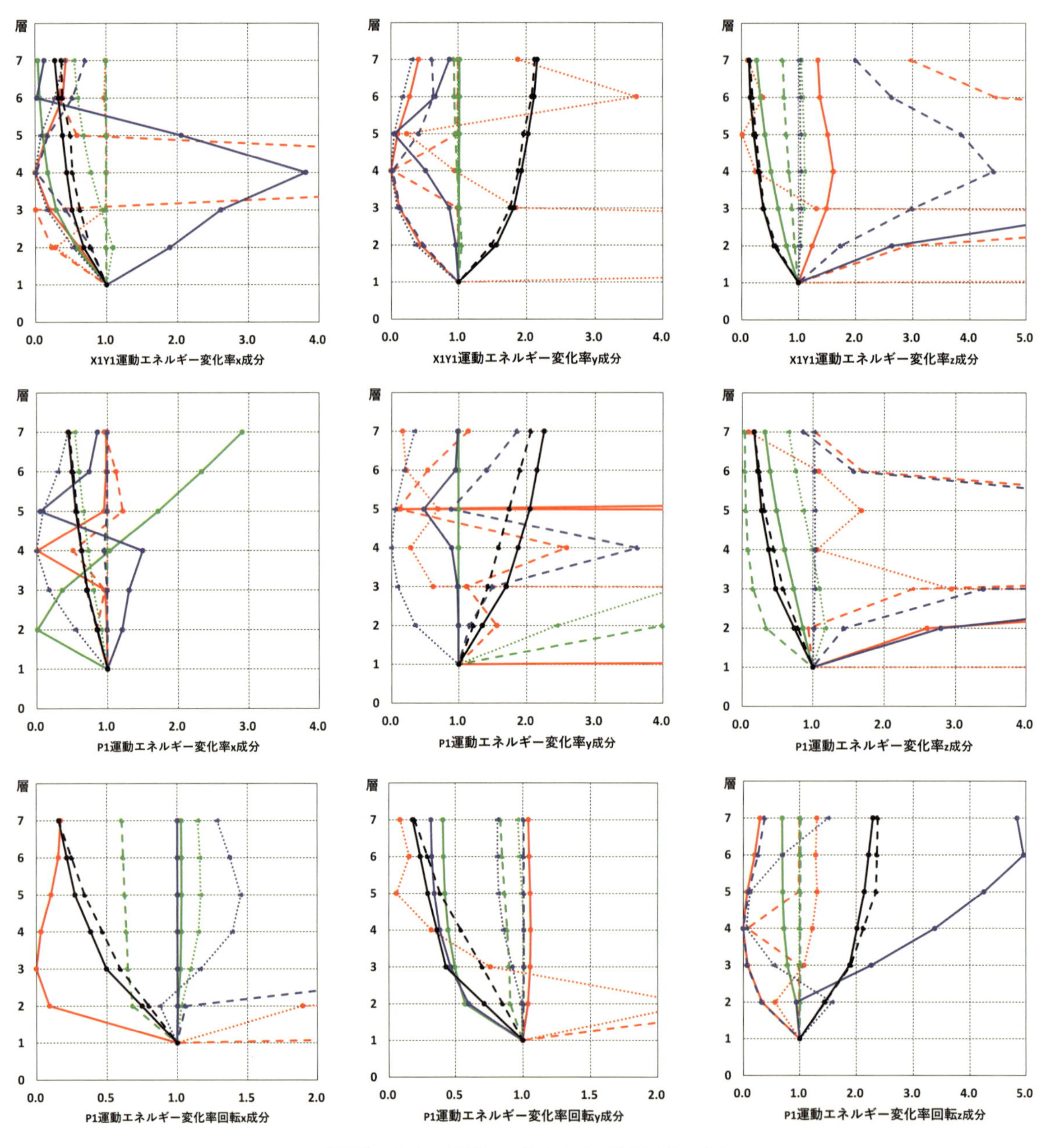

解図 6.2.6　運動エネルギー変化率の例

解図 6.2.6 を見ると、黒で示した微動計測で得た変化率は、y 成分併進、回転 z 成分以外は、上層に向けて減少する形状を示している。y 成分併進については、補強後（破線）は補強前に比べて変化率が小さく、回転 z 成分は大きくなっている。本例の建物は、水平面軸回りの回転を鉛直軸回りの回転と水平方向の併進運動に変換する収震性を有しており、補強によって、この内、鉛直軸回りの回転に変換する機能が高められたことを示すと解釈できる。固有モードから計算された変化率（緑、青、赤）は、黒の微動から計算されたものを挟んでおり、概ね表現できていると見ることができる。

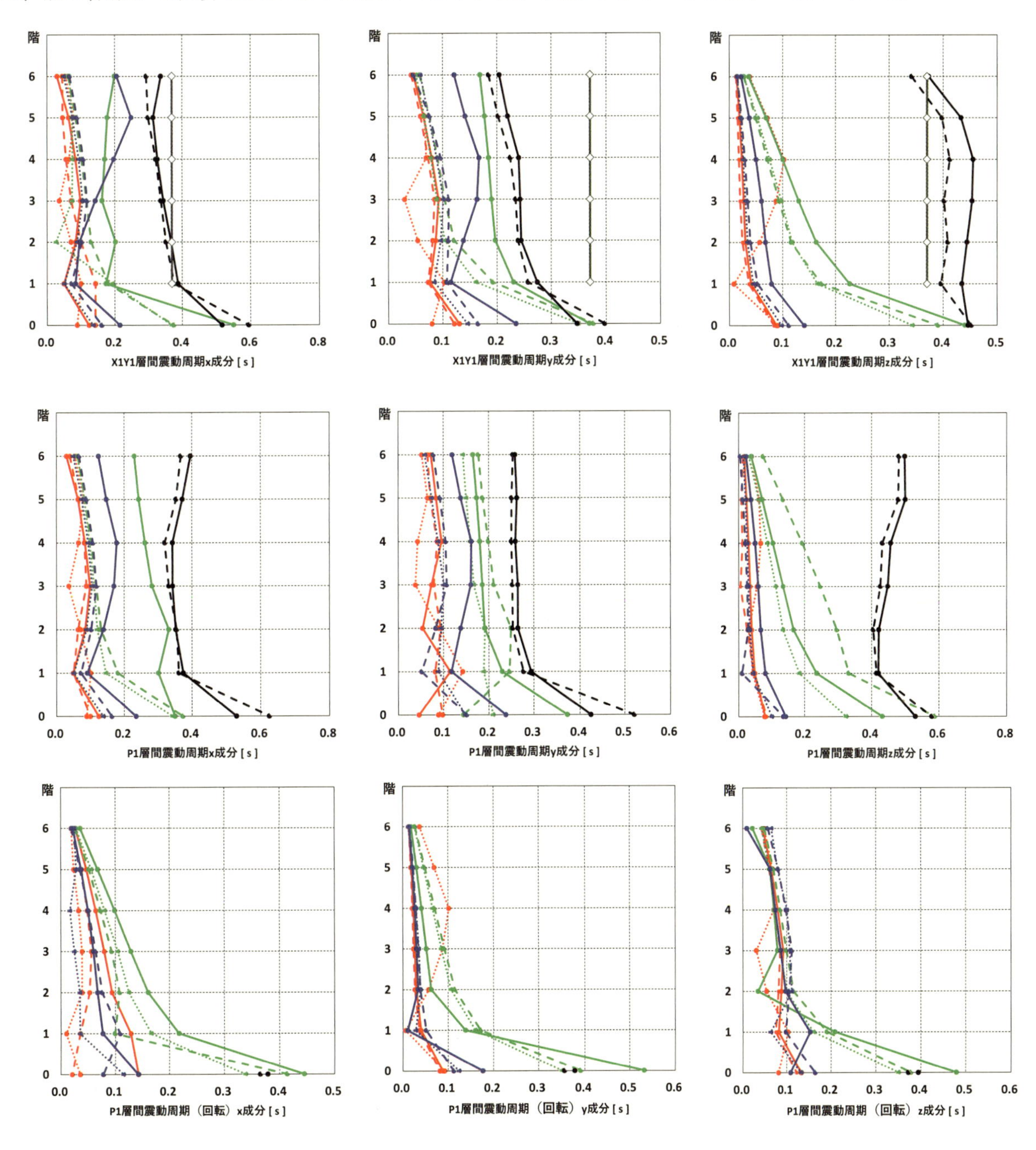

解図 6.2.7　層間震動周期ベクトルの例

解図 6.2.7 には、層間震動周期ベクトルの例を掲げる。凡例は前図と同様である。P1 軸、微動の値（黒実線、破線）は、X1Y1～X10Y10 の点計測 6 軸の平均値である。これは、第 4 章 4.2 節で定義したもので、支持部分の平均加速度と質量から計算される応力と層間変位から計算した剛性を周期に換算したものである。質点をバネで直列に繋いだ串団子モデルのような単純な系であれば、固有モードの次数によらずに一定値となることが導かれている（4.2 節【解説】参照）。前図までは、層の量であったが、これは階の量であり、0 階は、構造物の基礎と直下の地盤との間の仮想的な階である。0 階の層間震動周期は、構造モデルの地盤バネを周期に換算したものに相当する。解図 6.2.7 を見ると、黒の微動計測結果から得られた層間震動周期は、補強後（破線）が補強前（実線）より小さく、剛性が補強により高まったことを示している。特に、X1Y1 軸の鉛直成分の 1 階から上は顕著である。この計測点は、補強した柱に沿っており、補強効果が実測された例であると考えられる。基礎直下の地盤を示す 0 階は、X1Y1 の z 成分では補強前後同一であるが、他の成分は補強後が若干大きい。計測日の違いによる地盤の変化を示すものであると考えられる。

固有値解析で得られた層間震動周期（緑、青、赤）は、微動計測から得られたもの（黒）よりも、小さいことが分かる。これは、微動計測から得られた層間剛性よりも、構造モデルの剛性は高めであり、鉛直成分では相当高いことを示していると考えられる。最下段の回転角に関する層間震動周期では、0 階のみ黒点で微動から計算したものを示している。各プロットの 0 階の固有値解析で得られた有効質量から、水平方向の併進と鉛直軸回りの回転を概ね表すと見られる 1～3 次の層間震動周期(緑)と微動計測から得られたもの（黒）は概ね一致しており、水平方向の地盤バネの設定は概ね妥当であったと考えられる結果である。水平軸回りの回転、鉛直変位を概ね表すと見られる 4～9 次（青、赤）の 0 階の値と微動計測から得られたもの（黒）を見ると、鉛直バネについては、モデルの方がかなり硬いと考えられる。本指標は、現行基準の設計用 1 次固有周期(T)と直接関係づけられるものである（4.5 節）。高さ等から計算した値である T= 0.37s を、上段の X1Y1 軸のプロットに白抜きマーカー、グレー線で表示している。微動から得られた層間震動周期と x,z 成分ではほぼ等しく、y 成分は微動の方が小さい。y 方向は壁主体の構造であることを反映した結果であると考えられる。

解図 6.2.8 には、加速度分布係数、及び角加速度分布係数の例を掲げる。凡例は前図と同様である。P1 軸、微動の 2,4,6 層の値（黒実線、破線）は、上下層の RMS 値を内層して計算している。これは、第 4 章 4.3 節で定義されており、計測点の直上の階（層間）の支持部分の平均加速度、角加速度を、その計測軸の 1 階の支持部分の質量、慣性モーメント荷重平均値で基準化したものである。X1Y1 計測軸、P1 軸ともに、x 成分については、2 次モードが、y 成分については、1 次モードが、形状的にも大きさ的にも、ほぼ微動計測から計算された値に一致している。黒の実線と点線の補強前後で、X1Y1 軸 x 成分では、若干変化しているが、他の水平成分に関しては、ほぼ変動していない。X1Y1 軸鉛直成分は若干変動しているが、増加・減少傾向は認められない。P1 軸では、補強前はほぼ 1.0 であるが、補強後は、上階に向かって減少している。加速度分布係数が 1.0 の一定値であることは、各階が支持する部分の平均加速度が、1 階が支持する部分の平均加速度に等しいこと、即ち、各層の加速度が一様であることを示す。

第0階は、地盤と構造物の境界であり、この支持部分は構造物全体である。この階の加速度分布係数が 1.0 を下回っていることは、構造物全体の平均加速度が一階が支持する部分、即ち、一階の上半分から上の部分の平均加速度より、小さいことを示す。構造物全体の震動は、一階から上の部分の震動よりも小さいことを示している。x 成分については、2 次モードが、y 成分については、1 次モードが、これも含めて、微動計測から得られた値に近い。鉛直成分に関しては、6 次（青、細破線：Mz=97%）が説明するが、水平成分と同様に上階に向かって増加する分布であり、微動とは異なっている。

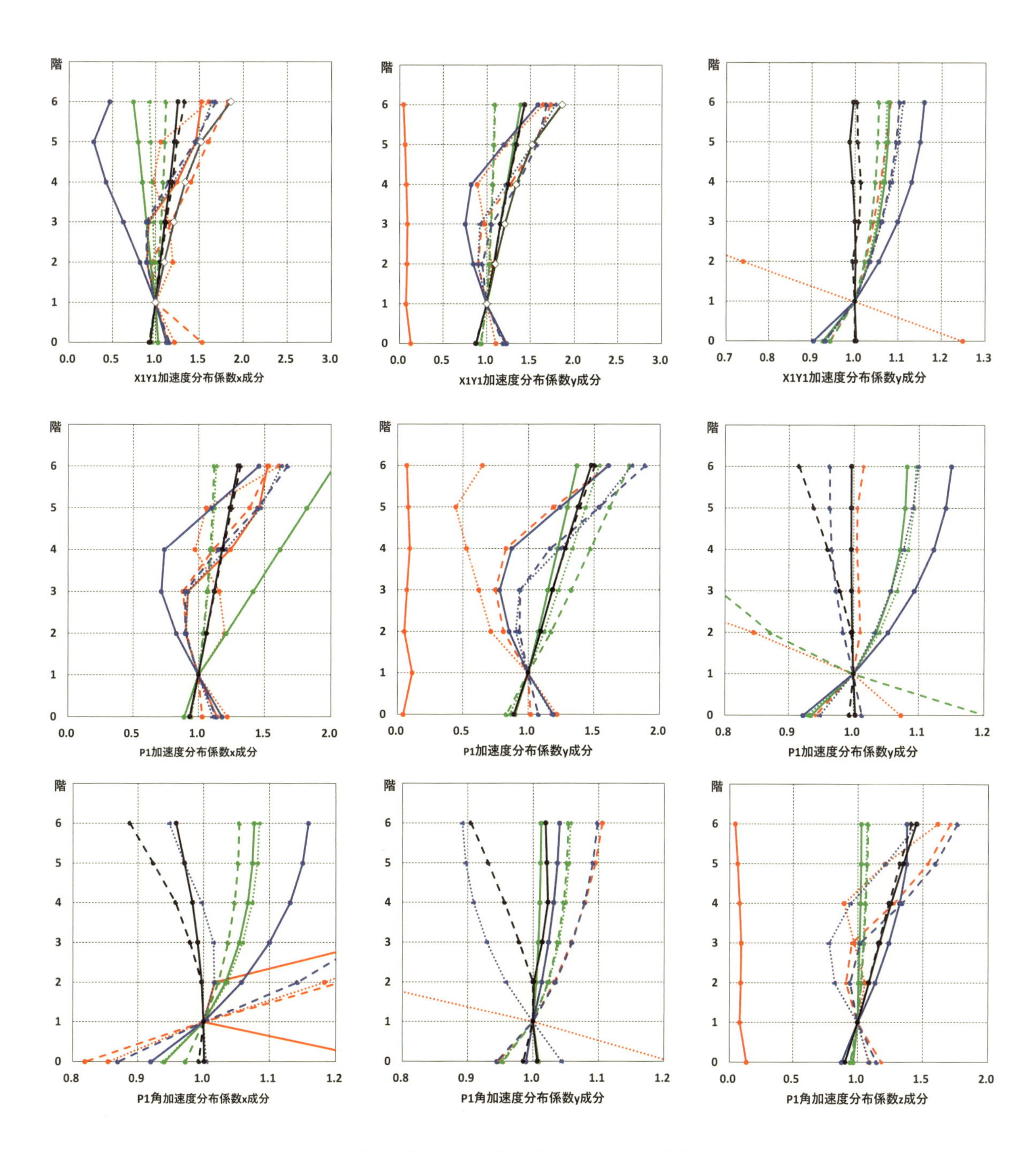

解図 6.2.8 加速度分布係数、角加速度分布係数の例

解図 6.2.8 下段は、角加速度分布係数の例である。黒の実線と点線の補強前後で、*x,y* 成分は、上階に向かって減少する分布が強まっているが、*z* 成分は上昇する分布で、ほとんど変化はない。これは、運動エネルギー変化率に見られた収震性を表し、補強による収震性の向上も捉えられた例であると考えられる。角加速度分布係数の水平成分については、6 次（青、細破線：Mz=97%）モードに、鉛直成分については、4 次（青）モードに、微動と整合性が認められる。

本例では、加速度分布係数、角加速度分布係数ともに、固有モードから計算したものは、微動から計算してものを挟んでおり、x 成分については、2 次モードが、y 成分については、1 次モードが、形状的にも大きさ的にも、ほぼ微動計測から計算された値に一致している。概ね実構造を反映していると考えられる結果である。加速度分布係数の水平方向成分は、現行基準の地震層せん断力係数の高さ方向の分布を表わす係数 *Ai* と比較できる（4.5 節）。上段 X1Y1 軸の xy 成分には、白抜きマーカー、グレー線でこの *Ai* を表示している。*Ai* は、3 階で、1.21、6 階で 1.86 となり、上層階で微動から計算された加速度分布係数を上回っており、高次モードに近い形状を呈している。

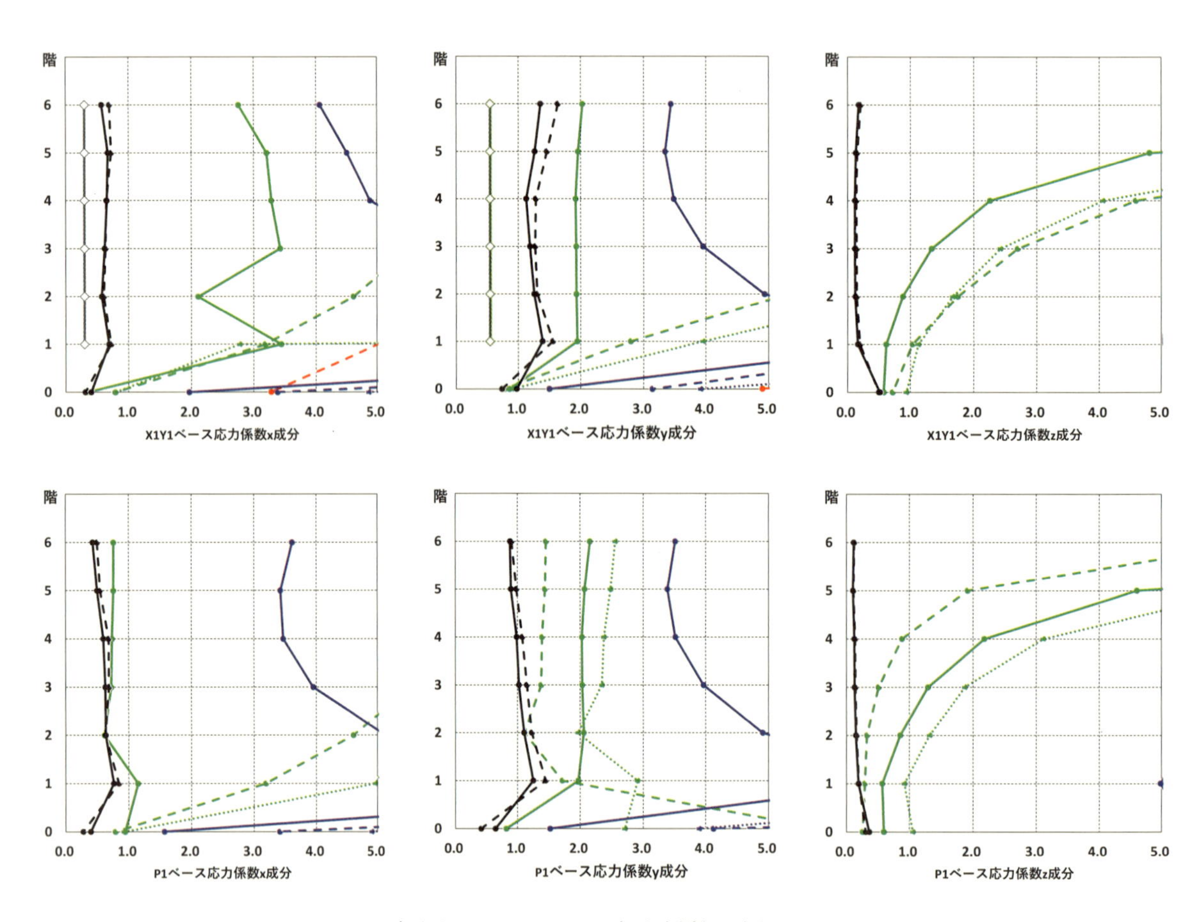

解図 6.2.9　ベース応力係数の例

解図 6.2.9 には、ベース応力係数の例を掲げる。凡例は前図と同様である。P1 軸、微動の値（黒実線、破線）は、X1Y1～X10Y10 の点計測 6 軸の平均値である。これは、第 4 章 4.3 節で定義されているもので、構造物のある階が弾性限界変形に達するとき、その部分の 1 階に作用する応力を支持する重量で除したもの、即ち、1 階が支持する部分の平均加速度を重力加速度で基準化したものである。これが大きい程、構造物は地盤変位によって大きな加速度等を生じても弾性限界に達しないと評価できる。0 階の値は、地盤と構造物の間が弾性限界に達するときの 1 階に作用する応力を支持する重量で除したものである。なお、上記の弾性限界は、第 4 章 4.3 節式(解 4.3.14)～式(解 4.3.16)で、地盤の降伏変位を 2.5cm として計算している。

ベース応力係数の k 方向成分は、現行基準のベースシア係数 C_{Bk} と比較できる（4.5 節）。上段 X1Y1 軸の xy 成分には、白抜きマーカー、グレー線で、構造計算書の保有水平耐力値から逆算した値である $C_{Bx}=0.30$、$C_{By}=0.55$ を表示している。保有水平耐力計算では、A_i 分布するせん断力を各階に生ずるような外力を漸増させて所定の限界状態に達する外力から保有水平耐力を求める方法が用いられているので、最も C_B の低い階で値が決まってしまう。この為、上記のように各階等しくなる。しかし、実際の建物では各階の性能は均質ではないので、各階異なる値が得られる筈である。微動から計算された値は、各階で異なっており、構造計算書から計算された値を倍程度上回っている。黒破線の補強後は、若干増加しており、X1Y1 軸 y 成分で顕著である。色で示した固有モードからの計算値の 1 次モード（緑実線）は、X1Y1y 成分、P1x 成分では、0 階も含めて、微動と整合性が認められる。この他のモードでは、微動から計算した値を大きく上回る結果である。0 階のみに注目すれば、本例は、1,2 次モードで *xyz* 成分のベース応力係数が概ね評価できることを示している。

基礎の設計において、上階のベース応力係数に重力加速度を乗じた値より小さな加速度で構造物と基礎が相対運動を生じて、構造物に対する地震作用伝達を制限できるようにすれば、計算上、構造物は弾性限界を超えずに震動できることになる。即ち、0 階のベース応力係数が上階よりも小さな値を持ち、この変形が安定して生ずる形式とすればよいことになるが、本例の水平 2 方向では、前者の条件は満足されていることを示す結果である。ただし、鉛直方向は層間降伏変形量を 1/500 としており、これを超えても安定して震動できると考えられる。

ある階のベース応力係数は、その階の剛性に弾性限界変位を乗じて、弾性限界応力を求め、これを支持する重量と加速度分布係数で除して計算されている（4.3 節解説参照）。これらの差異が微動計測で得られたベース応力係数と固有モードから計算したものの差異となる。加速度分布係数は、解図 6.2.8 である。x 成分については、2 次モードが、y 成分については、1 次モードが大きさ、形状ともに微動計測に近い。z 成分については、各モード、微動計測とも、ほぼ、1.0 の近傍にある。剛性は、解図 6.2.7 に示した層間震動周期の逆数の平方根に比例する。このプロットから、x,y 成分の剛性については、1 次モードは微動計測より小さいが、他のモードは大きいことが読み取れる。

解図 6.2.10 には、損傷度の例を掲げる。凡例は前図と同様である。P1 軸、微動の値（黒実線、破線）は、X1Y1～X10Y10 の点計測 5 軸の平均値である。損傷度は、解図 6.2.3～6.2.4 に示すような固有震動を生ずる構造物のある部分（階）が、地震時に生ずる累積非弾性変形量の推定値と、この使用限界値の比である(第 4 章 4.4 節（2）及び（3）)。入力地震動は、基準点に生ずる変位の強震 RMS 平均値 σ_{Ed} と強震継続時間 s_0 で表されているが、同節解表 4.4.2 及び解表 4.4.3 から、震度 6 強、マグニチュード7程度として、$\sigma_{Ed}=15cm$、$s_0=10s$ とした。また、使用限界値は、解表4.4.4から、補強前は、各階各軸で、22、補強後は、補強した軸であるX1Y1,X3Y1,及びX10Y10の3軸の1階の値のみを180としている。また、0階（基礎下）の使用限界値は仮に100としている。

X1Y1軸x成分では、2次モード（緑破線、Mx=97%）が、大きさ的には微動と近い。y成分では、4次モード（青実線、My=11%）が、大きさ的、分布とも微動とほぼ一致している。1次モード（緑実線、My=89%）は、大きさは3倍程度であるが、分布は微動と似通っている。

前図までに例示した各指標と異なり、黒で示した微動から計算された損傷度は、補強後（黒破線）は、補強前（黒実線）に比べ、補強しない2階以上でも明らかに減少している。また、0階の変化は上階に比べて小さい。

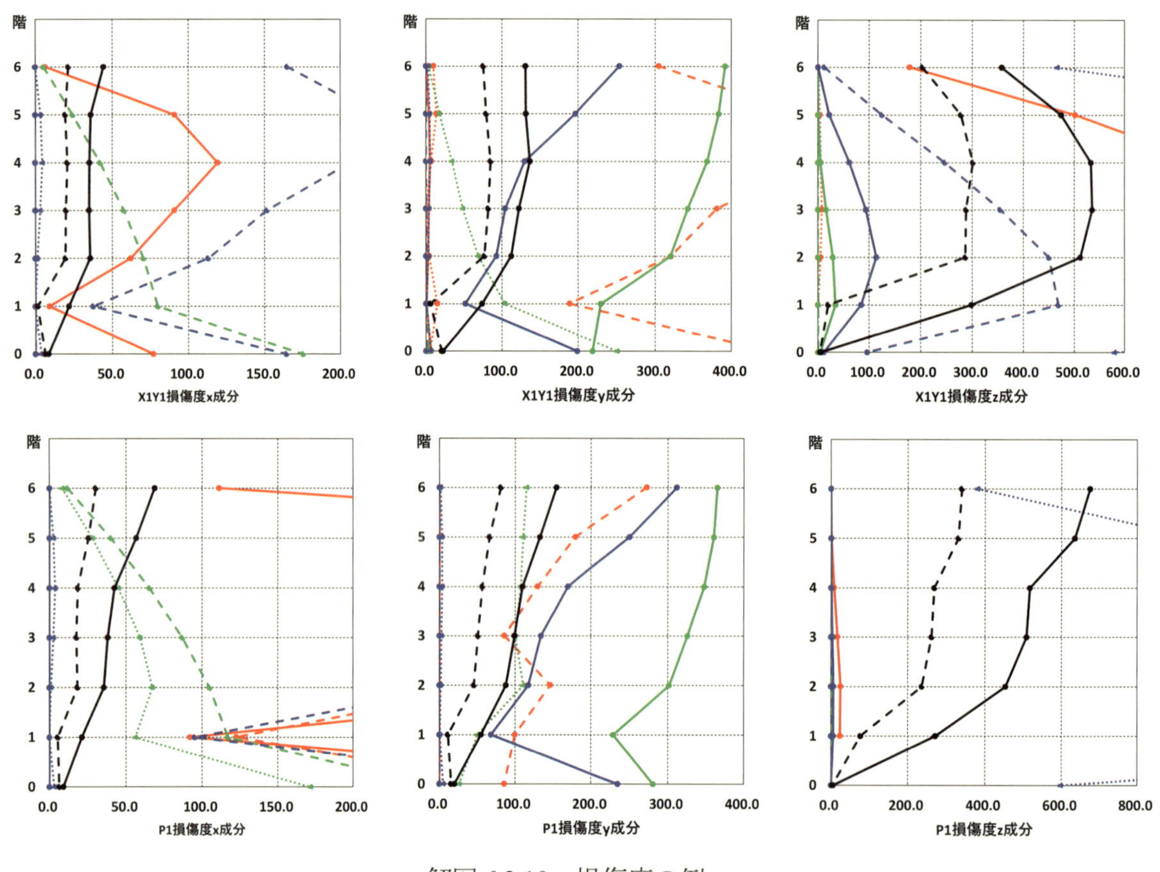

解図6.2.10　損傷度の例

解表6.2.3に、X1Y1軸、X6Y1軸、及び5軸平均値の補強前後と変化率を表示している。X1Y1軸の1階は補強した柱のある軸であるので、補強前後で使用限界値は、22→180へと0.12倍になっているが、X1Y1軸1階の変化率はこれよりも小さい。同表の2階以上と表中の全階では補強がないので、使用限界値は、補強前後とも22であるが、全ての階と方向成分で顕著に減少している。東日本大震災等で、高弾性材料で一階の独立柱を補強した建物において、上層階でも、揺れが少なく被害もほとんどなかったとの報告が多数ある。これは、固有震動形状が整えられたことによる震動軽減であると考えられ、整震効果と呼ばれている。1階の独立柱8本のみの補強で、建物の各階、各方向の損傷低減を示す本例の補強前後の損傷度の変化は、この効果を捉えたものであると考えられる。また、各階、各方向で 1.0 を大きく上回っていることは、東日本大震災、熊本地震等で、マンションは新旧耐震に関わらず大半が損傷し修繕が必要になったという事実とも整合性が認められる。

本例は、損傷度に関しては、解図 6.2.10 のようなグラフだけでなく、このような表によって、補強箇所の優先順位を定めたり、補強効果を確認することが可能であることを示している。損傷度の計算の詳細は、4.4 節に解説されているが、微動からの計算においては、速度応答倍率の 2 乗を加速度応答倍率で除したもの、層間震動周期の逆数、及びバンド幅指数と層間変位伝達率に比例し、層間変位伝達率の逆数には対数的に比例する。構造物の各階が支持する部分の震動を総合的に評価する指標であり、収震性を総合的に評価する指標であることが本例で示されている。

解表 6.2.3　損傷度の補強前後の値と変化率

		補強前			補強後			補強後／補強前		
		x	y	z	x	y	z	x	y	z
X1Y1	6 階	44.3	130.4	357.4	21.5	75.9	203.4	0.49	0.58	0.57
	5 階	36.1	131.1	474.3	19.5	79.7	278.0	0.54	0.61	0.59
	4 階	35.3	136.3	532.8	20.9	85.3	301.4	0.59	0.63	0.57
	3 階	35.1	122.1	535.2	20.0	82.5	288.3	0.57	0.68	0.54
	2 階	35.7	112.1	511.8	19.6	77.2	286.8	0.55	0.69	0.56
	1 階	21.9	74.3	298.3	1.4	5.8	20.3	0.07	0.08	0.07
	0 階	8.5	21.9	6.5	6.4	20.2	4.4	0.75	0.92	0.68
X6Y1	6 階	92.2	167.9	757.0	35.6	69.7	377.7	0.39	0.42	0.50
	5 階	79.1	134.8	600.3	31.7	51.2	306.9	0.40	0.38	0.51
	4 階	56.0	98.0	401.3	19.3	40.8	167.8	0.35	0.42	0.42
	3 階	47.9	87.3	385.0	15.8	27.2	160.4	0.33	0.31	0.42
	2 階	40.2	70.4	322.2	14.9	21.4	138.0	0.37	0.30	0.43
	1 階	21.3	39.7	204.2	6.2	13.0	131.3	0.29	0.33	0.64
	0 階	9.6	16.6	5.1	5.6	10.8	5.0	0.58	0.65	0.97
5 軸平均	6 階	68.8	153.9	674.7	30.4	81.4	339.6	0.44	0.53	0.50
	5 階	56.6	132.3	634.8	25.6	66.8	330.8	0.45	0.50	0.52
	4 階	42.4	109.7	517.2	18.7	57.4	268.5	0.44	0.52	0.52
	3 階	38.1	99.1	508.7	17.7	51.6	261.4	0.47	0.52	0.51
	2 階	35.6	88.0	453.4	18.4	46.2	236.2	0.52	0.52	0.52
	1 階	21.3	55.4	271.1	5.5	11.2	77.3	0.26	0.20	0.29
	0 階	9.1	19.7	6.3	6.5	15.5	4.4	0.71	0.79	0.69

損傷度計算における非弾性応答は、地盤の震動が直接基礎に入力され、構造物が弾性的に応答した場合の震動から、単純なモデルで計算したものである。さらに、使用限界値は、大型震動台実験結果から定めたものである。地震動と構造物・地盤系の不確定性、不規則性を考慮すれば、現実の損傷

との差異は大きいと考えられる。詳細なモデルで非線形計算を行ったとしても、今後、事例を蓄積して、使用限界値を改訂したとしても、この差異は依然として大きいと考えられる。従って、損傷度の絶対値は参考とし、補強前後の変化、建物各部分での相対的な大小関係、類似建物に関する計算事例との比較によって設計判断に役立てることが考えられる。

（3）解表 6.2.1-1～2 に示した判断 A から B,及び 1,2,…の各判断材料とする推奨範囲は、収震設計が行われた構造物、あるいは微動診断が行われた構造物について計算された性能評価指標値、及び被害・無被害実績等の付帯情報を収録したデータベース（収震設計 DB）を用いて、以下に示す方法で、見出すことができる。

収震性指標に関する推奨範囲 A は、地震以外の条件による設計完了時点で作成された全体構造モデルが、収震性評価上妥当であるかを判断する材料である。これは、各指標値について、類似の無被害構造物の微動診断で得られた指標値の範囲と代表的なものを、軸毎に各層あるいは階の計測点に対してプロットして見出すことができる。これは、解図 6.2.3 以下に例示した各指標値の関するプロットで、黒線で示した微動からの計算値を当該構造物ではなく、類似構造物から得られたものに置き換えて、各モードと比較することになる。構造モデルの地盤バネ、および各層の併進、回転剛性の妥当性は、解図 6.2.6 に例示した第 0 階と各階の層間震動周期の比較で評価できる。各部分の質量と剛性の分布の妥当性に関しては、解図 6.2.3～解図 6.2.4 に例示した固有震動変位・加速度形状ベクトル、及び固有震動回転角・角加速度形状ベクトル、あるいは、解図 6.2.8、解図 6.2.6 に例示した加速度分布係数、角加速度分布係数、運動エネルギー変化率で評価できる。

損傷度 A 及び危険度指標 A に関する推奨範囲 A は、収震補強の必要性を判断するものである。固有モードから計算された損傷度は、このモードが主体となる震動が生じ、想定地震動による基準点の鉛直震動の RMS が入力値であった場合には、そのような損傷が生ずる可能性があるということを示すものであるということを考慮して補強の必要性と箇所を判断する材料とする。危険度指標を用いてこれを 1.0 以下とする設計例は、既に、多数あり、東日本大震災で全て使用継続しており、ほぼ無被害である[6)]。この事実から、危険度指標の推奨範囲としては、1.0 以下とすることが考えられる。

損傷度 B 及び危険度指標 B に関する推奨範囲 B は、収震補強設計終了時点で、収震補強の必要性を判断するものである。指標値の意味からは、ともに、推奨範囲を 1.0 以下とすることが考えられる。ただし、損傷度 B に関しては、固有モードから計算されたものであり、解図 6.2.9 に示すように、微動から計算されるものとの差異が大きいことを考慮し、推奨範囲を広げることも現実的である。なお、補強効果は、補強した部材の使用限界値の向上により、損傷度の減少として直接、計算に反映される。

初回の微動診断で計算された収震性指標 1 に関する推奨範囲 1 は、躯体・設備等施工終了時点で施工された躯体に構造的な弱点がないかどうかを判断する材料である。これは、類似の無被害構造物の微動診断で得られた指標値から決めることができる。なお、構造的な弱点は、プロットがいびつになることで判明できる場合が多い。これは、解図 6.2.3 以下に例示した各指標値の関するプロットで、色で示した固有モードからの計算値を類似構造物から得られたものに置き換えて、当該構造物の微動からの計算値と大きさ、形状を比較することになる。

収震性指標 2 に関する推奨範囲 2 は、高弾性材料補強施工終了時点での補強効果の確認の判断材料となる。これは、初回の微動診断で得られた指標値に、類似構造物の補強による変化量を考慮して決めることができる。これは、解図 6.2.3 以下に例示した各指標値の関するプロットで、色で示した固有モードからの計算値を類似構造物の補強前後の微動から計算された指標値から求められた補強前後の増加量を示す幅に置き換えて、当該構造物の補強前後の増加量が妥当であるかを判断することになる。本事例では、解図 6.2.8 の加速度分布係数はほとんど変化せず、解図 6.2.7 に例示した層間震動周期、解図 6.2.9 のベースシア係数は、高弾性材料補強後に、数%～10%程度上昇すること、解図 6.2.10 の損傷度は、補強しない部分に関しても顕著に低下することが認められている。

【文献】

1） 五十嵐 俊一：収震、pp266～282、ISBN978-4-902105-33-9、2022.11

2） （公社）日本道路協会：道路橋示方書・同解説_Ⅳ下部構造編、pp187～191、pp.258～263、pp.237～239、2017 年 11 月

3） 農林水産省：土地改良事業計画設計基準及び運用・解説 設計「頭首工」 付録 技術書、pp.503～505、2024 年 3 月

4） 株式会社構造システム：SNAP Ver.7 テクニカルマニュアル、pp4-43～4-44

5） 1) と同じ、pp14～17

6） 構造品質保証研究所：SRF 研修会資料、テーマ 1 、2024 年 8 月

６．３　入力値

収震設計における性能評価指標計算の入力値は次の方法で定める。

(1) 材料の弾性定数、弾性限界値等は、地震以外の条件による設計に用いる基準類、あるいは現行基準に従って定める。

(2) 高弾性補強材料に関する弾性定数、弾性限界値等は、SRF 工法設計施工指針に掲載された規格に従う。

(3) 高弾性補強材料で補強した部材、及び接合部の剛性、弾性限界値、軸等は SRF 工法設計施工指針に掲載された算定式に従う。

(4) 木造架構の剛性、弾性限界値、軸耐力等は、材料強度等からの計算によって求めてよいが、立体的部分架構の繰り返し試験、あるいは震動台試験で確認することを原則とする。

【解説】収震設計に用いる性能評価指標の計算には、各種の入力値が必要とされる。解表 6.3.1 に入力値と決定法、及び使用する性能評価指標を示す。

解表 6.3.1 収震設計の入力値と決定法、及び使用する性能評価指標

入力値	決定法	指標
構造物、部材の形状・寸法	地震以外の条件による設計、現行基準	r 次固有周期、固有震動形状ベクトル（変位、加速度等）、固有震動周期ベクトル（変位、加速度等）、固有周期ベクトル（併進運動、回転運動）、運動エネルギー構成比、同変化率、層間震動周期、加速度分布係数、ベース応力係数、ベースモーメント係数
使用材料の弾性係数、弾性限界値		
部材、接合部の剛性、弾性限界値（層間変形）		
常時微動時刻歴	振動計測	
鉛直部材の地震時軸力と軸耐力	現行基準、架構試験、震動台試験	倒壊危険度
想定地震による基準点の変位強震 RMS の平均値、強震継続時間	強震観測記録を用いた計算	損傷度
弾性限界倍率の使用限界値	架構試験、震動台試験	
崩落荷重に対する復元力	計算、部材試験	崩落危険度
落下・転倒荷重に対する復元力	計算、部材試験	落下危険度、転倒危険度

構造物、部材の形状・寸法は、最終的には収震設計の結果決定されるが、地震以外の条件による設計に用いる基準類、あるいは現行基準に従って定めることができる。使用材料の弾性係数、弾性限界値、部材、接合部の剛性、弾性限界値（層間変形）の内、高弾性材料以外のものに関しても、対象

構造物に関する基準類による。常時微動時刻歴は、固有震動形状ベクトル等の収震性評価指標の重要な入力であるが、これは、本指針第2章に示す振動計測によって得る。

高弾性材料、及びこれで補強した部材及び接合部の剛性、弾性限界変形、RC系部材の軸耐力に関しては、理論的な計算式が作成され、模型実験等で確認され、設計・施工指針として刊行されているので、これを用いることができる[1)~3)]。木造に関しては、架構の震動台実験も行われている[4)]が、現行基準の試験法に従って行われた試験がほとんどであるので、軸力を加えていない。従って、危険度評価に用いる鉛直部材、あるいは、架構の地震時軸力と軸耐力は、使用材料の弾性係数、弾性限界値と架構の寸法等から、単純化したモデルによる計算、あるいは構造解析ソフトを用いた数値計算で求めることができる。しかし、大変形下の静的計算結果であるので、この結果には十分な安全率を用いて補強仕様を決定する必要がある。また、立体的部分架構の繰り返し試験で、弾性限界倍率の使用限界値とともに、確認することを原則とする。

解図 6.3.1 に、この試験のイメージを示す。試験する柱を中心とし、柱頭に接続する梁・床、及び柱脚に接続する梁・床あるいは、土台・床を設ける。梁・床は、原則として柱の支配部分について試験体を製作する。上側の梁、及び柱試験体上端には、反力壁に一旦を固定した油圧ジャッキを取り付ける。頂部油圧ジャッキは、柱に対して、柱経由の軸力を載荷するものであるので、固定端も柱の動きに応じて動くようにする。側部油圧ジャッキは、柱頭部に層間変形、回転を与えるものである。上部の梁、スラブには、この部分の重量に見合う分銅などを置く。荷重部分と表記した図の太線の円はこれを表している。下部の梁、あるいは土台・基礎と床は、反力床に固定する。

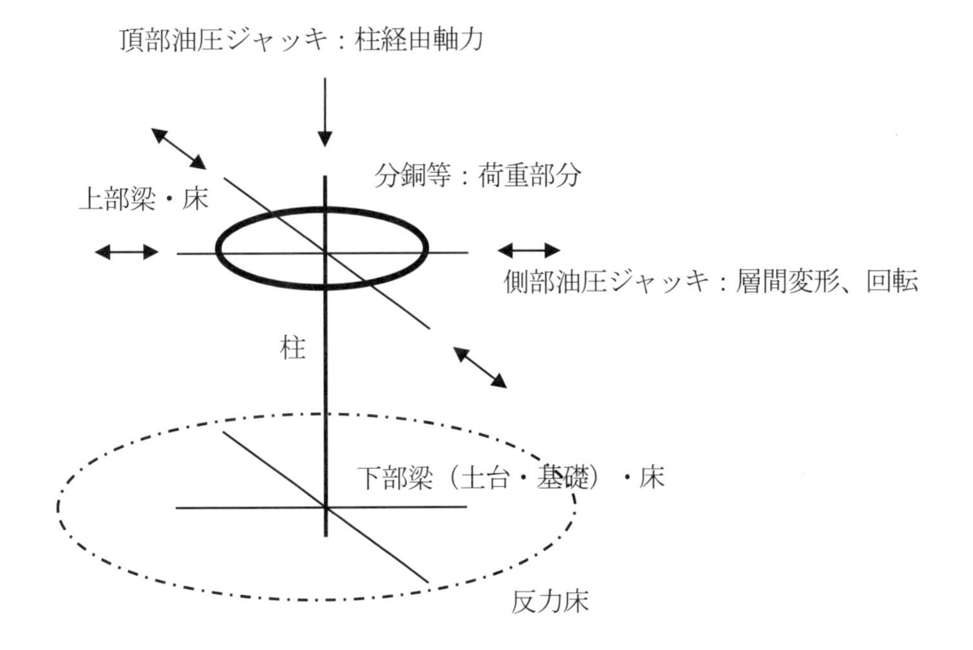

解図 6.3.1　立体的部分架構繰り返し試験

立体的部分架構繰り返し試験の載荷条件は、地震時軸力を模擬した軸力を頂部油圧ジャッキで載荷しながら、側部油圧ジャッキにより、上部梁･床に対して繰り返し変形を加えるものとする。変形は、上部梁・床の高さを一定に保ちながら、水平面内で柱頂部が円を描くようにし、この円の半径を一周毎に少しづつ増加させる方式を基本とし、取り出した部分架構が実際の構造物の中で受けると考えられる変形モードに応じて、これに、各軸周りの回転を加える方式とする。主要な測定項目は、層間変形の弾性限界値、層間回転角の弾性限界値、弾性限界倍率の使用限界値、及び軸耐力である。なお、実大あるいはスケールモデルの震動台実験で、これらを確認することも収震設計の合理化には必要となる。

【文献】

1)　構造品質保証研究所株式会社 : SRF 工法 設計施工指針と解説　2015 年版第 2 刷、2020 年 3 月

2)　構造品質保証研究所株式会社 : SRF 工法設計・施工指針　同解説、（一財）建築防災協会技術評価版、第 5 次改定、2022 年 11 月

3)　(一財) 土木研究センター：建設技術審査証明報告書 高延性材によるコンクリート構造物の補強方法「SRF 工法」、2018 年 3 月

4)　五十嵐　俊一：包帯補強、p31、ISBN978-4-902105-21-7、2009.4

第７章　震災調査

７．１　目的

収震設計における震災調査は、以下の目的で行う。

(1) 構造物、及び周辺地盤の被災状況を把握し、補修・補強の必要性を判断する。

(2) 各種の構造物への地震作用の大きさと、無被害の要因究明につながる事実を収集・記録し、地震対策の合理化に資する。

【解説】都市が地震、攻撃等に遭遇して多くの構造物が、損傷し、人命に危険が及ぶような状況であれば、避難が最優先となり、被災直後の原因調査等の必要性は薄い。被害状況の把握、広域的な避難誘導、消火、救助・救命、波及被害の防止、復旧等は、公的機関の責任において行われる。この場合に、RC 系の構造物の倒壊を防止したり、その後の使用を可能にする応急補強法として、SRF 工法で、主要な柱を巻き立てる方法がある [1)]。現状では、災害の規模に応じて、自衛隊が災害派遣されるが、第１部で提案した防衛・救助・救命・復旧の専門組織が制度化されれば、これに代わるものとなる。

収震設計における震災調査は、上記の対応の次に行われるもので、以下の目的がある。なお、現地への交通手段、通信手段が限られていることが想定されるので、震災調査の時期は実施者が判断して決めることになる。

（1）収震設計された構造物、あるいは、施主が診断・補強を求める構造物に対して、被災状況を把握し、補修・補強の必要性を判断する。

（2）東日本大震災以降の大地震において、震度 6～7 の強震動を生じた地域でも、高弾性材料で補強した構造物は全て使用継続している。従って、収震設計された構造物においては、激震地にあっても、被害を生じたものが皆無となることも想定される。この場合でも、構造物への地震作用の大きさと、無被害の要因究明につながる情報を可能な限り収集し、収震設計 DB に付帯情報として収録することで、収震設計の合理化に資することが収震設計における震災調査の目的となる。

このような震災調査は、1891 年 10 月 28 日の濃尾地震に遡ることができる。これは、1855 年の安政江戸地震以降、全国的な地震活動の高まりの中で発生した直下型巨大地震であり、多くの研究者、実務家が発生後直ちに現地調査に赴き、その知見を書籍として刊行している。横河民輔 (1864-1945) は、翌月には、地震と題した 116 頁に渡る書物を出版した。この中で、優れた性能を示した伝統木造を、消震構造であると呼んで、「免震基礎では、水平動には効果があるが上下動には効果がない。消震構造は、柔軟主義ではなく、上下動・水平動・傾斜動を減殺する升組（斗組）のように各柱に消震機構を持つもので、仏閣、天守閣のような木造が好例である。」との主旨を述べている [2)]。また、被災者の間から専門家まで、上下動が建物の破壊に繋がったとの認識があり、現在でも、「横に揺れる地震は怖くはないが、放り上げる地震は本当に恐ろしい。」との伝承が残っているという報告がある [3]。コンドルは地震調査後の講演で、重い木造は被害が少ないが、伝統的技術を用いたようであっても、華奢な木造は、補強が必要であるとの見解を示した [4]。この為に、筋交い、金物の使用が推奨され、具体的な製品開発も行われている [5),6]。

耐震構造は、濃尾地震で被害の目立った華奢な木造、崩れやすい煉瓦造、石造の洋風建築に対する対策、あるいは代案として生まれたと考えられる。その設計思想は、構造物全体を剛な箱とするものであった。伝統木造のように、接合部が巧みに働いて柱に弾性復元力を発揮させる「消震構造」とは対立するものである。しかし、濃尾地震の調査で、被害が小さかった構造物に多く認められた事実を踏まえ、基礎は構造物の回転、移動を許す形式とすることで、過大な地震作用を避けるという点は、耐震構造にも取り入れられている [7]。具体的には、松丸太を打ち込み、角材を流して、土間コンクリートを打設する、あるいは、コンクリートのフーチングを設け、その上に岩石、煉瓦を介在させて躯体を構築するという工法であり、東京駅等、戦前の建築物、インフラ施設には広く用いられている [8]。

耐震構造の設計法は、佐野利器（1880-1956）によって、濃尾地震の翌年に創設された震災予防調査会報告として 1916 年に提案され、関東大震災を経て制度化された。佐野は、地震作用は地面の複雑な運動によってもたらされるものであるという事実を述べた上で、構造物への地震作用を、その質量と地点の加速度と同じ大きさで、逆向きの加速度の積として計算される力、即ち、震力として定量化している。震力の大きさと重量の比の最大値、即ち、地震によるその地点の最大加速度と重力の加速度の大きさの比を震度と定義した。濃尾地震の岐阜、大垣では、震度 0.3、名古屋では、0.25～0.3、1909 年の江州地震（姉川地震）の尊勝寺村（滋賀県長浜市）で 0.4、1906 年の米国カリフォルニア州の地震では、震度 0.1 程度であるとの分析結果を表示している [9]。佐野の方法は、1919 年に市街地建築物法が制定され制度化されている。当時は、積載荷重として、住宅で 250kgf/m^2、事務所で 370kgf/m^2 が用いられ、地震時の低減はない。また、許容応力度は、コンクリート 45kgf/cm^2、鋼材 1150kgf/cm^2 で地震時の割り増しも無かった [10]。震力を算定する積載荷重は、現行基準の地震力算定用数値の数倍、材料の許容応力度は数分の 1 である。弾性限界に対して十分な安全率をもって設計する規定であった。

1923 年の関東大震災当時の建築物では、設計者がそれぞれ判断して、設計を行っていた。横川民輔設計の 1902 年竣工の旧三井本館、1911 年竣工の帝国劇場は、震動による被害はなかったが、類焼で被災している。上述の約 11,000 本の松丸太を打ち込んだ基礎を持つ鉄骨煉瓦造の東京駅丸の内舎（1914 年竣工）は、被害なく、多くの避難者の避難場所、避難所となった。佐野の方法で、震度 1/20～1/10 を用いて、大きな安全率を持って弾性応答を要求する設計がなされた東京海上ビルディング（1918 年竣工）、日本興業銀行（1923 年 6 月竣工）、歌舞伎座（震災時工事中）は、ほぼ無被害であったという。震災の翌 1924 年に、高さ制限が導入され、水平震度 0.1 とする規定が設けられた。

隅田川の橋梁は、華奢な構造であったこともあり、震災で炎上、崩壊し、多くの人命が失われた。その後、復興局により、それぞれ異なる構造形式とデザインで重厚に再建された。言問橋、駒形橋、蔵前橋、永代橋、そして、清洲橋の 5 橋は、20 数年後の東京大空襲の爆撃を受けても、崩落、炎上せず、避難路となり、多くの人命を救っている。

1891 年濃尾地震は、内陸の直下型地震である。約 30 年後の関東大震災の前兆であったとも考えられる。この地震とその後国内外で相次いだ数々の地震の震災調査は、研究者、実務者に多くの知見を与え、多様な研究開発を活発化させ、関東大震災後の復興、首都の安全性の向上を齎している。1995 年兵庫県南部地震も、地殻の活動を示すもので、次の首都大震災の前兆であると捉えることができる。構造品質保証研究所の 1999 年 7 月の設立は、同地震の震災調査を契機としている。高弾性材料補強（SRF 工法）は、同年 11 月にトルコ国イスタンブールを襲ったデュジュゼ地震の震災調査で、3 か月前のコジャエリ地震後の応急被災度判定で緑の表示をした建物が倒壊し、死傷者を出したことから、発想したものである [11)]。微動診断と収震設計法の開発には、1993 年釧路沖地震以降の国内外の多数の震災調査から得られた事実が大きく関わている。

1995 年兵庫県南部地震以降、濃尾地震後と同様に、日本各地で大地震、大震災が相次いでいる。しかし、阪神・淡路大震災を契機に、1993 年釧路沖地震で活発化した地震動のレベル、様相、構造物の応答に関する多様な意見は影をひそめ、新耐震基準を絶対視し、被害の原因は、一律に旧耐震基準による設計である。地震対策は旧基準構造物の耐震診断と耐震補強で十分であるとする空気が生まれ、専門家、行政から報道機関にまで広がっている。

予断を持たず、初心に帰り、地震作用、被害・無被害の要因に関する事実を収集し、次の診断・補強・計画に役立てる情報とすることが、収震設計における震災調査の目的である。

【文献】

1) 構造品質保証研究所株式会社：SRF 工法 設計施工指針と解説　2015 年版第 2 刷、pp313～316、2020 年 3 月

2) 横河民輔：地震、pp83～88、金港堂、1891 年 11 月

3) 西澤英和：耐震木造の近現代史、伝統木造住宅の合理性、学芸出版社、2018 年 3 月、pp93～223

4) ゼー　コンドル、瀧　大吉、　市東　謙吉：各種建物に関し近来の地震の結果、建築雑誌　第 6 巻 63 号、1892 年 2 月～第 6 巻 65 号 1892 年 5 月

5) 佐藤勇造：地震家屋、共益商社、1892 年 4 月

6) 伊藤為吉：日本建築構造改良法、大倉書店、1924 年 6 月

7) 3)と同じ、pp377～396

8) 野澤　伸一郎、藤原　寅士良：東京丸の内駅舎に使用された木杭の耐久性、土木学会論文集 C（地圏工学）、vol.72,No.4,pp300～309,2016 年

9) 佐野　利器：「家屋耐震構造論」 上編　第 1 章　第 1 節、1916 年

10) 大橋雄二：建築基準法の構造計算規定及びその荷重組み合わせと長期・短期概念の成立過程、日本建築学会構造系論文報告集　第４２４号 pp1-10、1991 年 6 月

11) 五十嵐　俊一：包帯補強、pp1～4、構造品質保証研究所株式会社、2009 年 4 月

７．２　方法

収震設計における震災調査は、以下の方法で行う。

(1) 構造物、及び周辺地盤に対する目視・打音による変状調査、レーザー距離・角度・勾配計による計測調査

(2) 体験者、目撃者に対する聞き取り調査

(3) 微動診断システムを用いた被災時微動診断

【解説】（1）構造物、及び周辺地盤の被災状況は、まず、目視により確認することができる。基礎周辺の地盤の変状、外壁、屋根等の仕上げの変状、内部の仕上げ、コンクリートのひび割れ等が指標となる。高弾性材料補強された RC 系部材では、片面壁補強であれば、補強の無い側でひび割れ状況が確認できる。柱等でコンクリート表面が目視できない場合には、打音により、浮き等を調べることができる。損傷は非弾性変形であるので、残留変形で検知できる。これには、ハンディなレーザー距離・角度・勾配計が有効である。

（2）地震時に対象構造物内部あるいは、周辺に居た体験者、目撃者に対する聞き取りができれば、震動の様相を知り、今後の設計に役立てることができる。例えば、2016 年熊本地震における益城町宮園地区の 1 階部分が潰れて全壊した木造 2 階建て住宅の 1 階に居た方の次のような証言がある。「家っていう箱がそのまま縦に強く振られるようなそんな感じだった。もう、自分は、体はどうにもできずにピンポン球のような。居間とかが、ねじれるように壊れた。壁がどんどん外れていったので外の明かりで中が見えるようになった。（中略）ともかく、揺すられる方向に体がいくだけ。」であったという。この証言から、木造住宅の 1 階では上下左右に体が跳ねるほどの大きさの加速度が生じ、架構は在来木造の壁が外れるような大きさのねじり変形を生じたと推察することができる[1]。

（3）収震設計された構造物に対しては、竣工時以降、定期的に微動診断が行われ、収震設計 DB に記録されている。被災時にも、原則として微動診断を実施することとされている（第 1 章 1.4 節）。これには、微動診断システムを用いることができる。調査者は、微動計をシステムが指示する場所に置き、指示されたタイミングで移動し、計測状況を確認するだけでよい。微動計はシステムが操作してデータの収集、指標値の計算と評価を行い、必要に応じた補強案を提示する。これは、スマートフォンのアプリ、あるいは、ノート PC 内のソフトとして SRF 研究会員に提供される。

【文献】

1）　五十嵐　俊一：収震、pp92～93、ISBN978-4-902105-33-9、2022.11

著者略歴

五十嵐　俊一（いがらし・しゅんいち）

1955年　横浜市生まれ

1979年　東京大学工学部土木工学科卒業、大成建設入社

1985年　マサチューセッツ工科大学　建設工学科構造専攻修了

1989年　工学博士（東京大学）

1997年　大成建設退社、イスタンブール工科大学客員教授

1999年　構造品質保証研究所設立

安全で快適な都市と国に向けての提案と収震設計指針

2024年9月　初版第1刷

著者　五十嵐　俊一

発行者　構造品質保証研究所株式会社

発行所　構造品質保証研究所株式会社

ISBN978-4-902105-35-3 C3050 ¥3000E